Excel在
會計與財務中的應用

于貴 編著

財經錢線

前言

　　Microsoft Office Excel（簡稱 Excel）是一種電子表格程序，凡是計算、統計都可以使用 Excel 快速處理。Excel 可用於創建電子表格並設置其格式，分析和共享財務信息，進而做出更為理性的管理決策。Excel 可將複雜的數據分析簡單化，把繁瑣的數據處理程式化，使財會人員輕鬆應對會計與財務文檔的操作。

　　本書結合 Excel2016 的功能特色和會計與財務工作要求，以實際案例為導向，介紹 Excel2016 的技術特點和應用方法。通過本書八個章節的學習，讀者不僅可習得 Excel2016 的基本技能，而且能夠熟練地運用 Excel2016 進行會計和財務工作。本書可作為高校會計、財務、審計等專業的教材使用，也可作為 Excel 愛好者的自學參考用書。

　　本書第 1 章介紹了 Excel2016 的基本功能、數據計算功能、數據管理功能、數據分析功能以及新增的功能。閱讀這一部分，讀者能夠比較全面地掌握 Excel2016 的功能特色，為後面在會計和財務中的應用奠定基礎。第 2~6 章介紹了 Excel2016 在會計和財務中的基礎應用，包括工資管理、固定資產管理、會計憑證、會計帳簿、會計報表等。第 7~8 章介紹了 Excel2016 在財務中的進階應用，包括財務管理、財務分析等。

　　本書作者都是長期在一線從事教學、科研的同志，具有豐富的實踐經驗和專業理論知識，在多年的教學、實踐中，注重經驗的累積和知識的更新，力求將最新研究成果反應在書中。全書由於貴副教授提出寫作思路並擔任總撰和審閱，各章節具體分工如下：第 1 章、第 3 章、第 7 章、第 8 章由梁少林編寫，第 2 章由劉群編寫，第 4 章、第 5 章、第 6 章由吳杉編寫。

　　本書在編寫過程中參考了國內不少學者的相關研究成果和文獻資料，在此致謝。由於編者水準有限，加之時間倉促，書中不足之處在所難免，懇請讀者批評指正。

　　本書提供案例源文件、微視頻、課件等資源，讀者可通過如下連結或掃描二維碼進行

免費下載，下載連結為：https://pan.baidu.com/s/1gOGU2ITNGHezgVo5q-AVLA。提取碼：t22a，郵箱：271126238@qq.com。

編　者

目錄

1　Excel 應用基礎 ·· (1)
　1.1　Excel 基礎知識 ··· (1)
　　1.1.1　Excel 是什麼 ·· (1)
　　1.1.2　Excel 的功能 ·· (1)
　　1.1.3　Excel2016 的工作界面 ·· (2)
　　1.1.4　運用 Excel 進行業務處理的過程 ······························ (3)
　1.2　Excel 基本操作 ··· (4)
　　1.2.1　操作對象 ·· (4)
　　1.2.2　基本操作 ·· (4)
　1.3　Excel 公式與函數 ··· (5)
　　1.3.1　公式 ·· (5)
　　1.3.2　函數 ·· (7)
　1.4　數據管理與分析 ··· (8)
　　1.4.1　數據分列 ·· (9)
　　1.4.2　數據驗證 ·· (9)
　　1.4.3　數據排序 ·· (9)
　　1.4.4　數據篩選 ··· (11)
　　1.4.5　數據分類匯總 ··· (11)
　　1.4.6　數據透視表 ·· (12)
　　1.4.7　圖表 ··· (13)
　　1.4.8　數據分析工具 ··· (14)

2　Excel 在工資管理中的應用 ··· (16)
　2.1　製作工資信息表 ··· (16)

####### 2.1.1 製作員工基本情況表 ……………………………………… (17)
####### 2.1.2 製作各種工資計算比率表 …………………………………… (19)
####### 2.1.3 製作公司職工考勤表 ………………………………………… (19)
####### 2.1.4 製作公司工資基本表 ………………………………………… (23)
2.2 工資核算與匯總 ……………………………………………………… (24)
####### 2.2.1 計算基礎工資和相應補貼 …………………………………… (24)
####### 2.2.2 計算獎金和日工資 …………………………………………… (32)
####### 2.2.3 計算應扣項及實發合計數 …………………………………… (33)
2.3 製作職工工資管理表 ………………………………………………… (36)
####### 2.3.1 製作工資條 …………………………………………………… (37)
####### 2.3.2 製作工資總額匯總表 ………………………………………… (40)
####### 2.3.3 製作記帳憑證清單 …………………………………………… (41)
####### 2.3.4 製作查詢表 …………………………………………………… (42)
能力拓展　工資核算表 ……………………………………………… (46)

3　Excel 在固定資產管理中的應用 ………………………………………… (48)
3.1 固定資產初始化 ……………………………………………………… (48)
####### 3.1.1 製作固定資產基本參數表 …………………………………… (48)
####### 3.1.2 定義區域名稱 ………………………………………………… (49)
3.2 製作固定資產清單 …………………………………………………… (51)
####### 3.2.1 建立固定資產清單 …………………………………………… (51)
####### 3.2.2 錄入固定資產資料 …………………………………………… (52)
3.3 製作固定資產卡片 …………………………………………………… (53)
####### 3.3.1 建立固定資產卡片表 ………………………………………… (53)
####### 3.3.2 錄入卡片上面的數據 ………………………………………… (54)
####### 3.3.3 固定資產折舊明細 …………………………………………… (55)
####### 3.3.4 固定資產卡片信息查詢 ……………………………………… (56)
3.4 固定資產統計分析 …………………………………………………… (56)
####### 3.4.1 固定資產匯總分析 …………………………………………… (57)
####### 3.4.2 固定資產結構分析 …………………………………………… (57)
####### 3.4.3 編製折舊費用分配表 ………………………………………… (59)

4　Excel 在會計憑證管理中的應用 ……………………………………… (60)
4.1　設置科目及期初餘額 ……………………………………………… (60)
4.1.1　製作會計科目表 …………………………………………… (61)
4.1.2　美化會計科目表 …………………………………………… (68)
4.1.3　製作期初餘額表 …………………………………………… (71)
4.2　製作專用憑證 ……………………………………………………… (76)
4.2.1　製作記帳憑證 ……………………………………………… (78)
4.2.2　製作收款憑證 ……………………………………………… (78)
4.2.3　製作付款憑證 ……………………………………………… (79)
4.2.4　製作轉帳憑證 ……………………………………………… (79)
4.3　製作科目匯總表 …………………………………………………… (80)
4.3.1　科目匯總表的處理程序 …………………………………… (81)
4.3.2　製作科目匯總表 …………………………………………… (81)
能力拓展 ………………………………………………………………… (83)
能力拓展 1　記帳憑證審核的主要內容 ……………………………… (84)
能力拓展 2　憑證審核的操作步驟 …………………………………… (84)

5　Excel 在帳簿管理中的應用 …………………………………………… (86)
5.1　製作日記帳 ………………………………………………………… (86)
5.1.1　現金日記帳功能 …………………………………………… (88)
5.1.2　製作現金日記帳 …………………………………………… (89)
5.1.3　銀行存款日記帳登記方法 ………………………………… (89)
5.1.4　製作銀行存款日記帳 ……………………………………… (90)
5.2　製作總分類帳試算平衡表 ………………………………………… (90)
5.2.1　新建「總分類帳試算平衡表」 …………………………… (91)
5.2.2　總分類帳試算平衡表找平方法 …………………………… (93)
5.2.3　總分類帳試算平衡表和科目匯總表的區別 ……………… (93)
5.3　製作明細分類帳 …………………………………………………… (94)
5.4　製作總分類帳 ……………………………………………………… (95)
5.4.1　新建「總分類帳」 ………………………………………… (96)
5.4.2　總分類帳與明細分類帳的關係 …………………………… (97)

6 Excel 在財務報表中的應用 ·· (99)
6.1 資產負債表的應用 ··· (100)
6.1.1 資產負債表的填製內容 ································· (102)
6.1.2 資產負債表的編製方法 ································· (103)
6.1.3 資產負債表的編製 ······································· (104)
6.1.4 資產負債表中所有項目的計算公式 ·················· (105)
6.2 利潤表的應用 ·· (107)
6.2.1 利潤表的格式 ··· (109)
6.2.2 利潤表的編製方法 ······································· (109)
6.2.3 利潤表的編製 ··· (110)
6.2.4 利潤表中所有項目的計算公式 ························ (111)
6.3 現金流量表的應用 ··· (113)
6.3.1 現金流量的分類 ·· (115)
6.3.2 現金流量表的編製原則 ································· (117)
6.3.3 現金流量表的編製 ······································· (117)
6.3.4 現金流量表中所有項目的計算公式 ·················· (119)

7 Excel 在財務報表分析中的應用 ································ (124)
7.1 基於 Excel 的財務報表的結構與趨勢分析 ················ (124)
7.1.1 結構分析模型 ·· (124)
7.1.2 趨勢分析模型 ·· (132)
7.2 基於 Excel 的財務比率分析 ································· (139)
7.2.1 企業償債能力分析模型 ································· (139)
7.2.2 企業營運能力分析模型 ································· (141)
7.2.3 企業盈利能力分析模型 ································· (143)
7.2.4 企業發展能力分析模型 ································· (144)
7.3 基於 Excel 的企業綜合績效評價分析 ······················ (145)
7.3.1 沃爾綜合評分分析模型 ································· (146)
7.3.2 杜邦財務分析體系模型 ································· (148)

8 Excel 在財務管理中的應用 ······································· (150)
8.1 Excel 與資金時間價值分析模型 ······························ (150)

  8.1.1　資金時間價值概念與計算公式 ·················（150）
  8.1.2　資金時間價值函數及模型 ·······················（152）
 8.2　Excel 與項目投資決策分析模型 ·························（157）
  8.2.1　項目投資決策評價指標 ···························（157）
  8.2.2　項目投資決策評價指標對應函數及模型 ·······（158）

參考文獻 ··（165）

1　Excel 應用基礎

1.1　Excel 基礎知識

1.1.1　Excel 是什麼

Microsoft Office Excel 是由 Microsoft 為使用 Windows 操作系統的計算機而編寫和運行的一種電子表格程序，其主要用途是進行數據處理。其日常應用廣泛，凡是需要計算、統計的數據處理都可以用 Excel 快速進行。直觀的界面、出色的計算功能和圖表工具再加上成功的市場營銷，使 Excel 成為世界上最流行的計算機數據處理軟件。到目前為止，Excel 已經有了很多版本，如 Excel95、Excel97、Excel2000、Excel2002、Excel2003、Excel2007、Excel2010、Excel2013、Excel2016 等。本書以 Excel2016 為例。

Excel 以其強大的電子表格數據處理功能、方便友好的操作界面，得到廣大用戶的青睞。其不僅提供了日常工作所需的表格處理功能，還提供了豐富的函數、卓越的圖表功能、數據分析功能、輔助決策功能和通過 Web 實現協作與信息共享等功能。Excel 在財務、會計等管理工作中的應用主要有兩種方式：數據表方式和圖表方式。數據表方式主要以表格的形式通過設計數據模型、採集數據、對模型求解形成數據報告、分析評價等過程完成業務處理；圖表方式是以圖形、圖表形式把數據表示出來的方法。兩種方式相互結合就可以在完成數據處理、分析的同時以直觀、清晰的形式把處理的結果表示出來。

Excel 為各行各業的管理者提高工作效率、提高數據處理和數據管理能力以及應用信息的能力提供了技術支持。Excel 是當前財務、會計、審計等管理人員應掌握的、必不可少的工具之一。與大型財務軟件系統相比，Excel 更適合小型、靈活的數據處理和辦公環境，尤其是中小企業的財務管理和會計、審計數據處理。

1.1.2　Excel 的功能

(1) 簡單、方便的表格製作功能

Excel 可以方便地創建和編輯表格，對數據進行輸入、編輯、計算、複製、移動、設置格式、打印等操作。

（2）強大的圖形、圖表功能

Excel 可以根據工作表中的數據快速生成圖表，可以直觀、形象地表示和反應數據，使得數據易於閱讀和評價，便於比較和分析。

（3）快捷的數據處理和數據分析功能

Excel 可採用公式或函數自動處理數據，具有較強的數據統計分析能力，能對工作表中的數據進行排序、篩選、分類匯總、統計和查詢等操作。

（4）批量處理的 VBA 編程

VBA 是 Visual Basic For Applications 的簡寫形式。操作者可以使用 VBA 編程執行特定功能或進行重複性高的操作。

1.1.3 Excel2016 的工作界面

和以前的版本相比，Excel2016 的工作界面默認是綠色，支持鼠標和觸摸模式，更貼近於 Windows 10 操作系統。Excel2016 取消了傳統的菜單操作方式，取而代之的就是各種功能區。如圖 1-1 所示，Excel2016 的界面主要由標題欄、功能區、行標示、列標示、名稱框、編輯欄、工作表標籤、狀態欄組成。

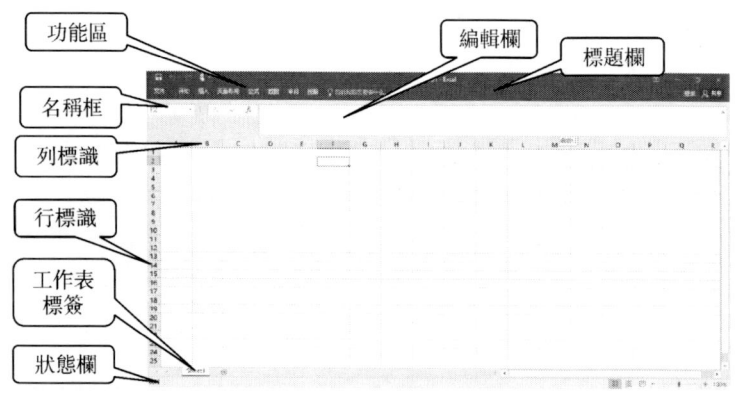

圖 1-1　界面

（1）快速訪問工具欄

該工具欄位於界面的左上角，包含一組用戶使用頻率較高的工具，如「保存」「撤銷」和「恢復」。用戶可單擊快速訪問工具欄右側的倒三角按鈕，在展開的列表中選擇其中顯示或隱藏的工具按鈕。快速訪問工具欄右側是標題欄，顯示工作簿的名字，工作簿是用戶使用 Excel 進行操作的主要對象和載體。

（2）功能區

功能區位於標題欄的下方，是一個由若干個選項卡組成的功能區，又被稱為功能選項

卡區域。Excel2016 將用於處理數據的所有命令組織在不同的選項卡中，單擊不同的選項卡標籤，可切換功能區中顯示的工具命令。在每一個選項卡中，命令又被分類放置在不同的組中。組的右下角通常都會有一個對話框啓動器按鈕，用於打開與該組命令相關的對話框，以便用戶對要進行的操作做出進一步的設置。

（3）編輯欄

編輯欄位於功能區下方，主要用於輸入和修改活動單元格中的數據或公式。當在工作表的某個單元格中輸入數據時，編輯欄會同步顯示輸入的內容。

（4）工作表編輯區

工作表編輯區用於顯示或編輯工作表中的數據。此區域由單元格或者若干個單元格構成的區域組成。

（5）工作表標籤

窗口左下角是工作簿所包含的工作表名的標籤，Excel2016 中默認只有 Sheet1 一張工作表。

（6）名稱框

名稱框顯示單元格或單元格區域的名稱，標明目前活動單元格的地址，默認情況下由活動單元格的列號和行號構成。用戶也可以通過名稱管理器對活動區域的名稱進行修改，方便數據的識別和管理。

1.1.4　運用 Excel 進行業務處理的過程

（1）明確要處理的業務和達到的目標，即首先要明確運用 Excel 最終要解決業務處理中的哪些問題及想要實現的目標。

（2）根據業務的要求確定解決該問題的方法（計算公式或模型）以及該方法如何在 Excel 中實現，即明確模型的具體形式。

（3）利用 Excel 工具建立已經確定的業務處理模型，這是應用能否成功的關鍵。一般要建立的模型包括原始數據、業務處理的數學公式、模型的約束條件等幾個部分。其中，原始數據是指需要進行分析和處理的數據，這些數據可以是用戶手工輸入的數據，也可以是利用數據獲取方法從外部數據庫獲得的數據；這些數據可以存放在同一個工作簿的同一個工作表內，也可以存放在同一個工作簿的不同工作表內，還可以存放在不同工作簿的工作表中。數學公式是用數學語言表示的對問題進行定量分析的公式，模型中必須用 Excel 的工具把數學公式表示出來。模型的約束條件是指保證數學公式在業務中有效的一些前提要求。

（4）利用 Excel 工具自動完成模型求解。因為通過數學公式已經建立了數據之間的動態連結，所以只要原始數據發生改變，系統就可以自動或在用戶的控制下按公式進行計算，並更新計算結果。

（5）把模型的計算結果用適當的形式表示出來，對計算結果進行分析、評價，給出業務處理結果和建議，並將業務處理的結果和建議發佈出來。

1.2　Excel 基本操作

1.2.1　操作對象

（1）工作簿

工作簿是指 Excel 環境中用來儲存並處理工作數據的文件，也就是說 Excel 文檔就是工作簿。它是 Excel 工作區中一個或多個工作表的集合，其文件名後綴與版本和類型有關，Excel2016 中其擴展名為:. xlsx。

（2）工作表

工作表是數據輸入、處理以及製作圖表的基本操作界面。每個工作簿中包含多個工作表，最多不超過 255 個，在 Excel2016 中默認只有一張工作表 sheet1。每張工作表都是由 1,048,576 行和 16,384 列組成，行的編號採用 1、2、3、4、……、1,048,576，列的編號採用 A、B、C、D、……、XFD。移動到工作表的第一行的快捷鍵是「Ctrl+↑」，移動到工作表最後一行的快捷鍵是「Ctrl+↓」，移動到工作表最後一列的快捷鍵是「Ctrl+→」。

（3）單元格

行和列相互交叉所形成的格子被稱為單元格，單元格名稱由列編號加行編號進行唯一標示。單元格是工作簿文件的最小單位，用戶可以在單元格內輸入和編輯數據，單元格中可以保存的數據包括數字、文本和公式等內容；同一工作表中若干個相鄰單元格連接成的矩形稱為區域。

1.2.2　基本操作

（1）工作簿常見操作有創建工作簿、保存工作簿、恢復工作簿、打開工作簿、關閉工作簿等。

（2）工作表常見操作有插入新工作表、重命名工作表、刪除工作表、移動和複製工作表、拆分和凍結工作表、保護工作表、美化工作表、打印工作表等。

（3）單元格常見操作有選中單元格、刪除單元格、清空單元格、插入單元格、單元格中輸入數據、自動填充、快速填充等。

1.3 Excel 公式與函數

1.3.1 公式

公式是 Excel 中的重要工具，靈活地運用公式，可以實現數據處理的自動化，可以使工作更高效、更靈活。公式可以用來執行各種運算，公式是以「＝」號為引導，由運算符、常量、單元格引用、名稱、函數等元素組成。

（1）運算符

運算符是進行數據計算的基礎。Excel 運算符包括算術運算符、比較運算符、文本運算符和引用運算符，見表 1-1。

表 1-1 運算符

類型	運算符
算術運算符	＋、－、＊、／,%、^
比較運算符	＝、＞、＜、＞＝、＜＝、＜＞
引用運算符	冒號、逗號和空格
文本運算符	＆

如果公式中同時用到了多個運算符，Excel 將按一定的順序（優先級由高到低）進行運算，相同優先級的運算符，將從左到右進行計算。若是想指定運算順序，可運用小括號。優先級由高到低依次為：括號、引用運算符、算術運算符、文本運算符、比較運算符，每類運算符根據優先級計算，當優先級相同時，按照從左到右的規則計算。

（2）常量

在單元格中直接輸入的數據稱作常量，常量常見的類型有數值、日期和時間、文本、邏輯，如表 1-2 所示。

表 1-2 數據類型

類型	舉例	說明
數值	數字、百分號（％）、貨幣符號（如￥）、千分間隔符（,）等	數字最大可精確到 15 位有效數字；超出 15 位有效數字的數值要用文本形式來保存
日期和時間	2019/7/20、15：50	日期和時間是以一種特殊的數值形式存儲的，這種數值形式被稱為「序列值」

表1-2(續)

類型	舉例	說明
文本	部門名稱、科目名稱、姓名	許多不代表數量的、不需要進行數值計算的數字也可以保存為文本形式，例如電話號碼、身分證號碼、股票代碼等
邏輯	TRUE（真或1）、FALSE（假或0）	TRUE 不是1，FALSE 也不是0，不是數值而是邏輯值，只不過有些時候可以把它們當成1和0來用

（3）單元格引用

單元格的引用是把單元格的數據和公式聯繫起來，標示工作表中單元格或者單元格區域，指明公式中使用數據的位置。在 Excel 中，單元格的引用有三種方式：相對引用、絕對引用和混合引用。在默認情況下公式是相對引用，用戶可以使用快捷鍵 F4 在三種引用之間進行自由切換，如表 1-3 所示。

表1-3 引用類型

類型	舉例	特點
相對引用	A1	變
絕對引用	$A$1	不變
混合引用	$A1	一半變，一半不變

在公式中引用其他工作表的單元格區域，則可在公式編輯狀態下，通過單擊相應的工作表標籤，然後選取相應的單元格區域。跨工作表引用的表示方式為：「工作表名+感嘆號+引用區域」（使用的符號均為英文狀態下的半角符號），如公式「=sheet1!$B$3:$C$84」為引用「sheet1」工作表中 B3 到 C84 區域的內容。

在公式中引用的單元格與公式所在單元格不在同一工作簿中時，其表示方式為：「[工作簿名稱]工作表!單元格引用」。當被引用單元格所在工作簿關閉時，公式中將在工作簿名稱前自動加上文件的路徑。當路徑或工作簿名稱、工作表名稱之一包含空格或相關特殊符號時，感嘆號之前的部分需要使用一對半角單引號包含，如公式「=[實驗一]Sheet1!$A$1:$A$8」。

在公式中引用的單元格區域，可以定義為一個名稱，多數名稱由用戶自行定義，也有部分名稱可以隨創建列表、設置打印區域等操作自動產生。合理地使用名稱，可以方便編寫公式，有增強公式的可讀性、方便公式的統一修改、簡化公式、可代替單元格區域存儲常量數據等優點。名稱默認為絕對引用，保存在工作簿中，並在程序運行時儲存在 Excel 的內存中，且通過其唯一標示（名稱的命名）進行調用。如：=SUM（A2：A1230），把 A2：A1230 區域定義為一個叫「金額」的名稱，可以換成=SUM（金額）。

（4）公式使用中的常見錯誤

在使用公式計算的過程中，常常會出現一些無法顯示正確值的情況，依據錯誤情況的不同，Excel 返回的錯誤信息也不相同，如表 1-4 所示。

表 1-4　常見的錯誤值及其說明

常見錯誤值	說明
#####	輸入單元格的數值太長，在單元格中顯示不下，通過調整單元格大小來修正
#VALUE!	使用了錯誤的參數和運算對象類型
#DIV/0!	公式被 0 除時
#NAME?	公式中產生不能識別的文本而產生的錯誤值
#N/A	函數或公式中沒有可用的數值而產生的錯誤值
#REF!	單元格引用無效
#NUM!	公式或函數中的某個數字有問題
#NULL!	試圖為兩個並不相交的區域指定交叉點時產生的錯誤值

1.3.2　函數

Excel 的函數是一些預定義的公式，它們使用一些稱為參數的特定數值，按特定的順序或結構進行計算。Excel 函數有 300 多個，分 11 類，Excel2016 中新增加了 7 個函數：IFS、MINIFS、MAXIFS、CONCAT、DATEDIF、NUMBERSTRING、DATESTRING。用戶也可以自定義函數。如表 1-5 所示。

（1）函數的基本語法

函數名（參數 1，參數 2，……）

①函數名代表了該函數的功能，不區分大小寫。

②不同類型的函數要求不同類型和不同數量的參數；多個參數之間要用半角的逗號分隔，參數可以是常量、單元格引用、函數等；當使用函數作為另一個函數的參數時，稱為函數的嵌套。

表 1-5　函數分類及常見函數

函數類型	數量	常見函數
數據庫函數	13	GETPIVOTDATA
日期與時間函數	21	DATE、YEAR、WEEKDAY、DATEDIF
外部函數	2	—
工程函數	39	—

表1-5(續)

函數類型	數量	常見函數
財務函數	52	PMT、PV、FV、NPV、RATE、NPER
信息函數	9	—
邏輯函數	6	IF、IFS、AND、OR
查找和引用函數	17	VLOOKUP、INDEX、LOOKUP、MATCH
數學與三角函數	60	SQRT、INT、SUM、SUMIF、ROUND、MOD
統計函數	80	COUNT、COUNTIF、AVERAGEIF、RANK
文本函數	38	TEXT、MID、LEN

(2) 函數的輸入方法

如果對要使用的函數非常熟悉，可以在單元格中直接輸入函數公式，一定要確保以「=」開頭，系統將根據輸入的函數公式自動進行計算，並把計算結果顯示到該單元格中。除了直接輸入函數公式外，還可以使用 Excel 提供的「插入函數」的工具完成函數的輸入和使用。

①通過【開始】選項卡下面的「自動求和」按鈕插入函數。
②通過【公式】選項卡下面的「插入函數」，選擇對應的函數。
③選中單元格，輸入「=」號，然後按照函數的語法格式輸入，Excel 會有提示功能。
④通過點擊編輯欄左邊的「fx」按鈕進行搜尋函數，然後進行插入。

1.4　數據管理與分析

為了高效地獲取數據，用戶可以借助 Excel 的獲取外部數據工具導入外部數據，如圖1-2 所示。數據的來源主要有 Access、網頁、文本文件、SQL Server，直接導入的數據可能不規範，需要進行二次處理，方便以後對數據的管理與分析。

圖1-2　獲取外部數據

1.4.1 數據分列

數據分列是常用的數據處理工具，它可以按照分隔符號和固定寬度把單列拆分成多列，實現對數據的快速整理；還可以實現數據類型的轉換，快速處理不規範的日期。數據分列如圖 1-3 所示。

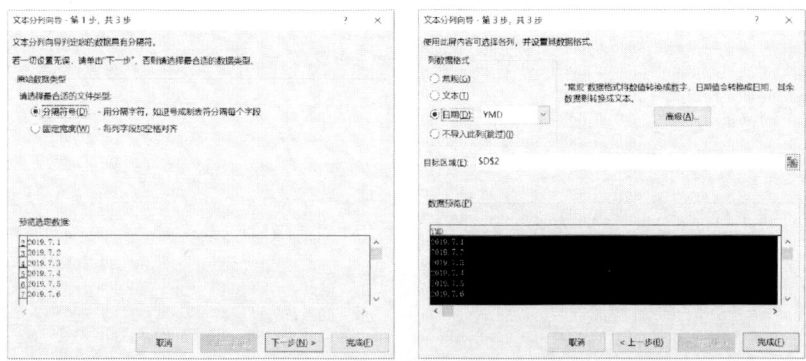

圖 1-3　數據分列

1.4.2 數據驗證

數據驗證工具通常用來限製單元格中輸入數據的類型和範圍，防止用戶輸入無效數據，保證輸入數據的正確性。除此之外，如果「允許」選擇「序列」，數據驗證還可以實現通過列表的方式選擇數據，提高輸入數據的效率。其操作如圖 1-4 所示。

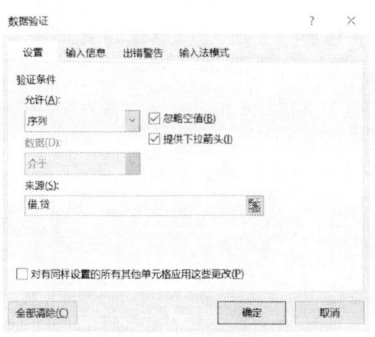

圖 1-4　數據驗證

1.4.3 數據排序

在日常的財務工作中，經常需要對大量的數據按某種要求進行排序，如按應發工資數

額從小到大排序。排序是對數據的順序進行重新排列，其中決定數據順序關係的數據列被稱為關鍵字。在 Excel 中，可以按字母、數字或日期等順序來進行數據排序。排序關鍵字是 Excel 對數據進行排序的依據，在排序之後，主要關鍵字所在的數據列是有順序的，而其餘數據列不一定有序。

排序的方式有升序、降序、自定義序列三種。按升序排序時，Excel 按如下次序：數字→字母→邏輯值→錯誤值→空格；在按降序排序時，除了空格總是在最後面外，其他的排序次序與升序相反；在自定義排序時，需要先把希望得到的關鍵字順序添加到自定義序列中，如圖 1-5 所示。

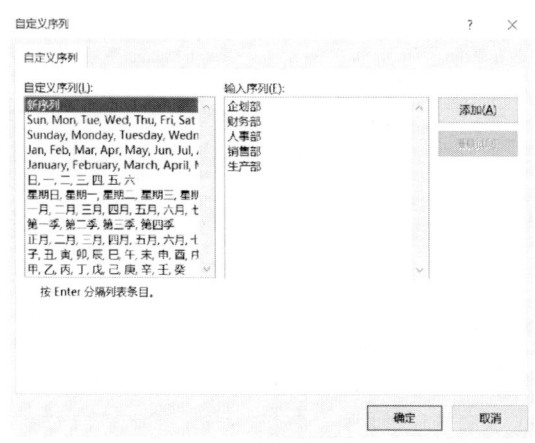

圖 1-5　自定義序列

當數據表中作為關鍵字的數據列存在重複數據時，就需要使數據能夠在具有相同關鍵字的記錄當中再次按另一個關鍵字進行排列，這就是多字段排序。進行多字段排序時，只需要在「排序」對話框中添加新的關鍵字即可，如圖 1-6 所示。

圖 1-6　多列排序

1.4.4 數據篩選

財務數據往往是複雜繁多的，工作人員常常需要從海量的數據當中找出一些符合條件的數據，這時就需要利用 Excel 提供的篩選功能來實現。篩選功能可以把數據表中所有不滿足條件的數據隱藏起來，只顯示滿足條件的數據記錄。常見的數據篩選方法有自動篩選和高級篩選。

自動篩選主要適用於單個條件、多個條件是邏輯「與」的情況下，篩選的結果會顯示在源數據表上，不滿足條件的記錄會被隱藏。

高級篩選主要適用於多個條件的情況下，篩選結果可顯示在源數據表中，也可以在新的位置顯示篩選結果；高級篩選之前，需要先建立篩選條件區域，條件同行是邏輯「與」的關係，條件異行是邏輯「或」的關係，如圖 1-7 所示。

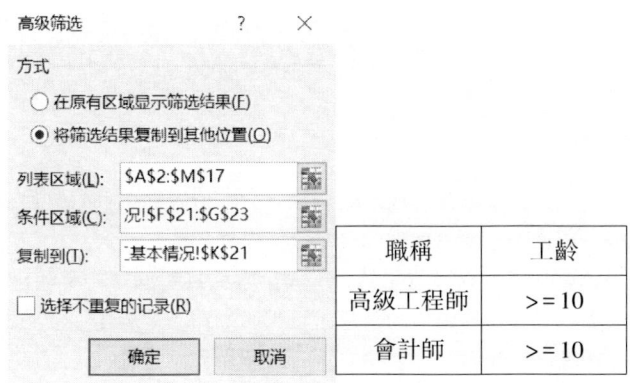

圖 1-7　高級篩選

1.4.5 數據分類匯總

分類匯總是一種在數據表中快捷地匯總數據的方法。通過分級顯示和分類匯總，用戶可以從大量的數據中提取有用的信息。工作人員對數據進行分類匯總時，必須確定以下內容：首先，分類匯總的數據區域必須有列標題；其次，必須在數據表中對要進行分類匯總的列進行排序，這個排序的列就是分類關鍵字，在進行分類匯總時，只能指定排序後的列為匯總關鍵字，如圖 1-8 所示。

圖 1-8　分類匯總

1.4.6　數據透視表

數據透視表是一種對大量數據快速匯總和建立交叉列表的交互式動態表格，能幫助用戶分析、組織數據；數據透視表有機地綜合了數據排序、篩選、分類匯總等數據分析的優點，可靈活地以多種方式展示數據的特徵，從大量看似無關的數據中找出其背後的聯繫，從而將紛繁複雜的數據轉化為有價值的信息，以供研究和決策所用；同時數據透視表也是解決函數公式計算速度慢的手段之一。總之，合理運用數據透視表進行計算與分析，能使許多複雜的問題簡單化並且極大地提高工作效率。

數據透視表的區域從結構上看，包含四個部分（如圖 1-9）：

圖 1-9　數據透視表

（1）行區域。此標誌區域中的字段將作為數據透視表的行標籤。
（2）列區域。此標誌區域中的字段將作為數據透視表的列標籤。
（3）值區域。此標誌區域中的字段將作為數據透視表顯示匯總的數據。
（4）篩選器。此標誌區域中的字段將作為數據透視表的報表篩選字段。

1.4.7 圖表

Excel 提供了數據表分析和圖表分析兩種分析方式。數據表分析方式中數據處理的結果是用數據的形式呈現的，這種形式雖然精確，但很難有直觀和全面的效果。圖表分析方式可以把數據在各類圖表上描述出來，使用戶可以直觀、形象地看到數據的變化規律、發展趨勢、變化週期、變化速度和變化幅度等。

Excel2016 中共提供了 14 種基本圖表類型，每種基本圖表類型還有多種不同的子圖表類型可以選擇。除此之外，Excel2016 還有 1 種組合圖表可以實現複合圖表，即從前面的 14 種基本圖表類型中選擇 2 種以上的圖表進行自由組合；用戶還可以使用 Excel2016 中新增的推薦的圖表，也可以通過數據透視表直接得到數據透視圖；另外，Excel2016 還有 3 種迷你圖：折線圖、柱形圖、盈虧圖。Excel 中的圖表類型如圖 1-10 所示。

圖 1-10　圖表類型

圖表根據保存位置可以分為嵌入式圖表和圖表工作表，嵌入式圖表是把圖表直接繪製在原始數據所在的工作表中，而圖表工作表是把圖表繪製在一個獨立的工作表上。無論哪種圖表，數據源跟圖表始終是保持一致的。

1.4.8 數據分析工具

Excel 提供了非常實用的數據分析工具，利用這些分析工具，用戶可解決財務管理中的許多問題，例如：模擬運算表、單變量求解、方案管理器、規劃求解等。

（1）模擬運算表

模擬運算表就是將工作表中的一個單元格區域的數據進行模擬計算，測試使用一個或兩個變量對運算結果的影響，其使用如圖 1-11 所示。在 Excel 中，我們可以構造兩種模擬運算表：單變量模擬運算表和多變量模擬運算表。

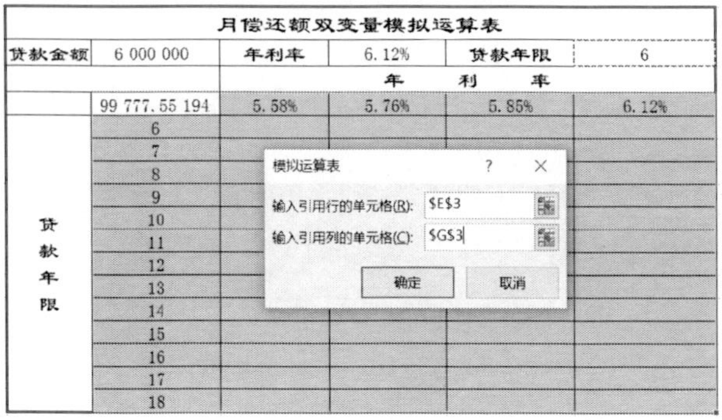

圖 1-11　模擬運算表

（2）單變量求解

單變量求解就是求解只有一個變量的方程的根，方程可以是線性方程，也可以是非線性方程。單變量求解工具可以解決財務管理中許多涉及一個變量的問題的求解。其使用如圖 1-12 所示。

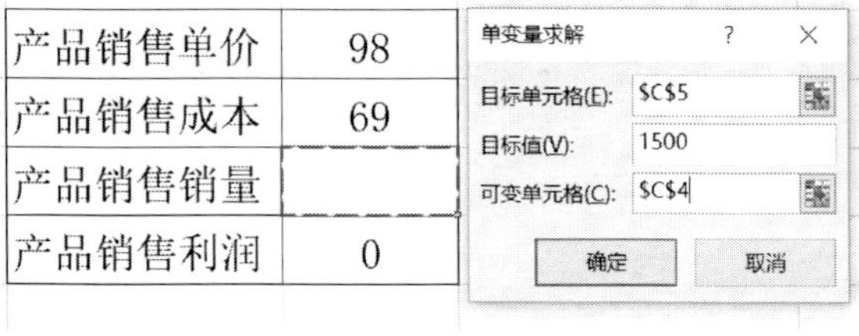

圖 1-12　單變量求解

（3）方案管理器

Excel 中的方案管理器能夠幫助用戶創建和管理方案。通過使用方案管理器，用戶能夠方便地進行假設，為多個變量存儲輸入值進行不同的組合，同時為這些組合命名。方案

創建後可以對方案名、可變單元格和方案變量值進行修改，在「方案管理器」對話框的「方案」列表中選擇某個方案後單擊「編輯」按鈕打開「編輯方案」對話框，使用與創建方案相同的步驟進行操作即可，如圖 1-13 所示。

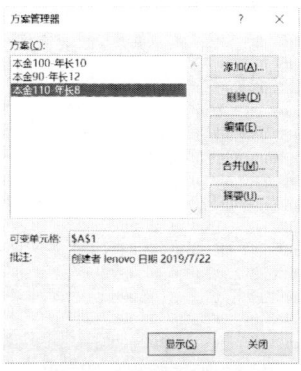

圖 1-13　方案管理器

（4）規劃求解

規劃求解是 Excel 的一個非常有用的工具，不僅可以解決運籌學、線性規劃等問題，還可以用來求解線性方程組及非線性方程組，比如最大利潤、最小成本、最優投資組合、目標規劃、線性迴歸及非線性迴歸等問題。規劃求解工具默認是隱藏的，用戶需要通過【文件】→【選項】→【加載項】→【轉到】進行勾選，從而使 Excel 中【數據】選項卡下面多出一個分析組，如圖 1-14 所示。

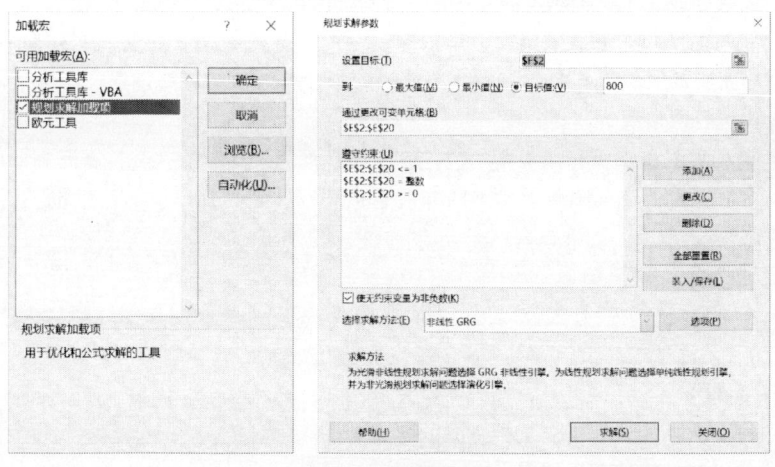

圖 1-14　規劃求解

2　Excel 在工資管理中的應用

隨著計算機的普及以及 OFFCIE 辦公軟件的深入應用，企業經常遇到員工的工資變動和人員變更的問題。利用 Excel 創建員工工資核算系統，將會大大減少財務人員的勞動強度，並能很好地提高工作效率。

2.1　製作工資信息表

設置工資薪酬結構一方面是為遵守國家相關法律法規，另一方面也是根據企業的實際情況採取的措施。合理的薪酬結構設置有助於加強企業內部良性競爭、激勵員工，創造相對公平的薪酬機制。薪酬結構的設計，不是簡單的對工資進行拆分，而是要合理地體現公司的目標或價值觀。薪酬結構可大致分為以下三個類別：

（1）基礎工資類，如基本工資、職務工資。銷售人員的保底工資等就是屬於這類。這類工資特點是保障員工最基本的生活需求，但這個需求不是根據員工自己個人的情況，而是考慮社會成本與公司實際狀況設定的。它不能低於當地最低工資水準。

（2）績效類工資，如績效獎金、銷售提成、年終獎、公司分紅等。其特點是該員工為企業貢獻相對應的價值後，公司按承諾要給的回報。績效類工資無定態，唯一的評判標準就是完成預定目標情況。

（3）福利類工資。福利類工資既包含法定強制福利，如五險一金、高溫補助以及其他必要補助，也包含企業自願給予員工的非法定福利，如商業保險、通信補助、交通補助、節假日津貼等。

【任務描述】

天龍公司是機械製造有限公司，公司為了體現按勞分配制度，激勵員工為企業做出更大的貢獻，從而調整公司的工資結構，並制定工資信息表。

【任務目標】

1. 瞭解工資核算表的構成及相互間的關係。
2. 瞭解工資核算的基本流程。
3. 理解工資管理中的常用函數。

4. 掌握工資核算系統的使用。

【任務分析】

針對上述任務，根據國家的有關法律法規、公司管理制度以及工資管理的高效性，制定員工工資信息表。

【任務分解】

本任務可以分解為以下 4 個子任務。

子任務 1：製作員工基本情況表。

子任務 2：製作各種工資計算比率表。

子任務 3：製作公司職工考勤表。

子任務 4：製作公司工資基本表。

【任務實施】

2.1.1　製作員工基本情況表

(1) 員工基本情況表

員工基本情況表中包含著員工的基本信息，是工資核算的基準，具體包含編號、姓名、部門、學歷、職務、職稱、參加工作時間、性別、出生年月、身分證號碼、聯繫電話、銀行帳號，如圖 2-1 所示。

公司职工基本情况一览表

编号	姓 名	部门	学历	职务	职称	参加工作时间	性别	出生年月	工龄	身份证号码	联系电话	银行账号
101	段正淳	企划部	本科	经理	高级经济师	1995年4月	男	1975-5-5	24			621700332004765XXXX
102	王语嫣	企划部	硕士	秘书	其他	2015年8月	女	1995-8-6	4			621700332004765XXXX
201	慕容博	财务部	专科	部长	高级会计师	1993年3月	男	1973-3-7	26			621700332004765XXXX
202	钟灵	财务部	本科	干事	会计师	2014年5月	女	1994-5-8	5			621700332004765XXXX
301	刀白凤	人事部	本科	部长	经济师	1995年10月	女	1975-10-9	24			621700332004765XXXX
302	段誉	人事部	专科	干事	其他	2015年2月	男	1995-2-10	4			621700332004765XXXX
401	苏星河	销售部	专科	部长	工程师	1980年7月	男	1960-7-11	39			621700332004765XXXX
402	丁春秋	销售部	专科	干事	其他	1985年5月	男	1965-5-12	34			621700332004765XXXX
403	木婉清	销售部	其它	干事	其他	2015年6月	女	1995-6-13	4			621700332004765XXXX
501	乔峰	生产部	博士	部长	高级工程师	2012年4月	男	1992-4-14	7			621700332004765XXXX
502	阮星竹	生产部	硕士	组长	工程师	1998年9月	女	1978-9-15	21			621700332004765XXXX
503	郁光标	生产部	专科	组长	工程师	1995年5月	男	1975-5-16	24			621700332004765XXXX
504	朱丹臣	生产部	其它	工人	其他	2009年11月	男	1989-11-17	10			621700332004765XXXX
505	高升泰	生产部	其它	工人	其他	2008年12月	男	1988-12-18	11			621700332004765XXXX
506	崔百泉	生产部	其它	工人	其他	2007年4月	男	1987-4-19	12			621700332004765XXXX

圖 2-1　員工基本情況表

(2) 製作員工基本情況表

①打開 Excel，根據公司情況輸入表頭內容。

②按常規方法輸入員工編號和姓名。

③輸入部門名稱。

首先，選擇要輸入部門的範圍，選擇菜單「數據」，單擊面板中的「數據驗證」按鈕，選擇「數據驗證」，彈出「數據驗證」對話框，如圖 2-2 所示。

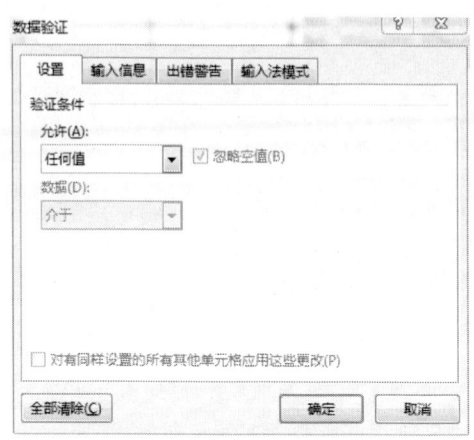

图 2-2　「數據驗證」對話框

其次，在「設置」選項卡中，單擊下拉按鈕，選擇「序列」，並在來源中輸入「企劃部，財務部，人事部，銷售部，生產部」，如圖 2-3 如示。

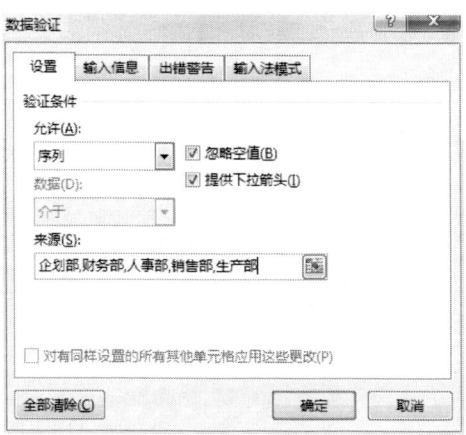

图 2-3　設置部門序列

最後，單擊「確定」按鈕，此時選擇表中部門欄出現部門下拉列表，直接選擇即可。
④同上步驟輸入學歷、職務、職稱的相關信息。
⑤使用常規方法輸入其他的信息。

2.1.2 製作各種工資計算比率表

（1）比率表

在工資核算系統中，根據國家規定及企業的管理制度制定相關的比率表，主要有社會保險及住房公積金比率表、個人所得稅稅率表、病事假等扣款標準、工資費用分配表、學歷工資分配表、職務補貼、職稱補貼等。具體如圖2-4所示。

圖2-4　各種工資比率表

（2）製作比率表

按照常規方法製作即可，如圖2-4所示。

2.1.3 製作公司職工考勤表

2.1.3.1 職工考勤表

考勤表是公司員工每天上班的憑證，也是員工工資的憑證，因為它是記錄了員工上班的天數。考勤表的具體內容包括遲到、早退、曠工、病假、事假、休假的情況。考勤表可以作為文本的「證據」。嚴格規範的考勤制度，能促使員工養成遵章守紀的習慣，能使企業運轉更高效、更規範，能為管理者具體實施管理目標提供依據。公司考勤表如圖2-5所示。

公司职工考勤表

2019年12月

编号	姓名	部门	1	2	3	4	5	6	7	8	9	10	11	12	13	14	15	16	17	18	19	20	21	22	23	24	25	26	27	28	29	30	31	请假天数统计			日工资	扣款金额
			星期日	星期一	星期二	星期三	星期四	星期五	星期六	星期日	星期一	星期二	星期三	星期四	星期五	星期六	星期日	星期一	星期二	星期三	星期四	星期五	星期六	星期日	星期一	星期二	星期三	星期四	星期五	星期六	星期日	星期一	星期二	病假	事假	旷工		
101	段正淳	企划部		病假	病假																													2	0	0	625	625
102	王语嫣	企划部								病假				事假																				1	1	0	409	614
201	慕容博	财务部																						病假										1	0	0	533	267
202	钟灵	财务部					病假																											1	0	0	386	193
301	刀白凤	人事部										事假																						0	1	0	547	547
302	段誉	人事部																																0	0	0	308	0
401	苏星河	销售部																																0	0	0	515	0
402	丁春秋	销售部																		病假														1	0	0	359	179
403	木婉清	销售部																																0	0	0	271	0
501	乔峰	生产部																																0	0	0	644	0
502	阮星竹	生产部				事假																												0	1	0	519	519
503	郁光标	生产部									病假																病假							2	0	0	427	427
504	朱丹臣	生产部																																0	0	0	280	0
505	高升泰	生产部																																0	0	0	284	0
506	崔百泉	生产部																																0	0	0	289	0

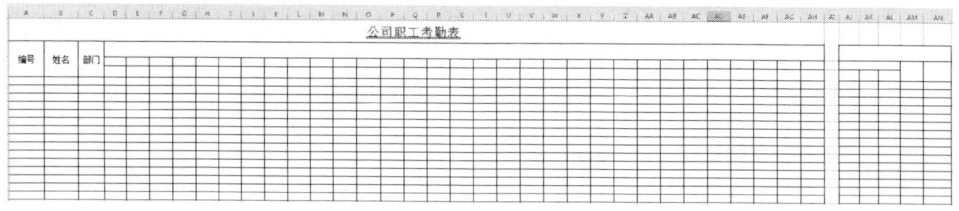

圖 2-5 職工考勤表

2.1.3.2 製作職工考勤表

（1）考勤表涉及的函數

①COLUMN（）：返回所選擇的某一個單元格的列數。

②YEAR（）：返回某日期的年份。返回值為 1,900 到 9,999 之間的整數。

③MONTH（）：返回以系列數表示的日期中的月份。月份是介於 1（一月）和 12（十二月）之間的整數。

④EOMONTH（）：返回 start-date 之前或之後指定月份中最後一天的系列數。用函數 EOMONTH 可計算特定月份中最後一天的時間系列數。

⑤DAY（）：返回以系列數表示的某日期的天數，用整數 1 到 31 表示。

⑥TODAY（）：返回當前日期的系列數，系列數是 Microsoft Excel 用於日期和時間計算的日期——時間代碼。

⑦WEEKDAY（）：返回某日期為星期幾。默認情況下，其值為 1（星期天）到 7（星期六）之間的整數。

⑧DATE（）：返回代表特定日期的系列數。

⑨COUNTIF（）：用於計算區域中滿足給定條件的單元格的個數。

（2）製作職工考勤表

① 先按常規方法做好基本框架表，如圖 2-6 所示。

圖 2-6 職工考勤表基本框架

② 選擇 D2 合併單元格，輸入公式「=today（）」，設置單元格日期格式為年和月。

③ 選擇 A5 單元格，輸入公式「=公司職工基本情況！A3」，向右拖動填充句柄，得到姓名和部門的相關內容，再向下拖動填充句柄，得到所有的相關記錄。最終結果如圖 2-7 所示。

2 Excel 在工資管理中的應用

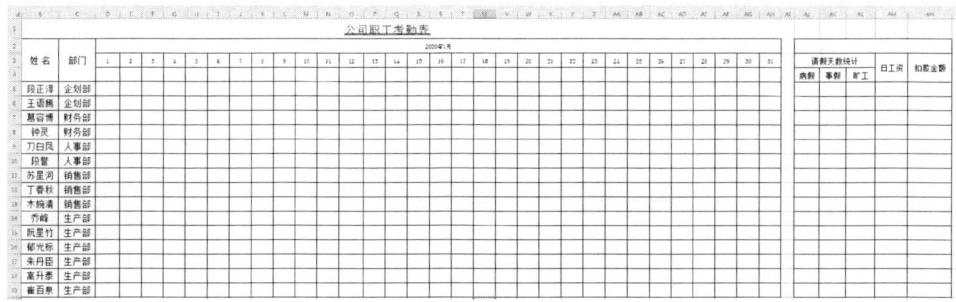

圖 2-7　輸入編號姓名和部門

④ 選擇 D3 單元格，輸入公式

「=IF(COLUMN(A1)<=DAY(EOMONTH($D$2,0)),COLUMN(A1),"")」，然後向右拖動填充句柄到 AH 列，求出本月的日期。

⑤ 選擇 D3 單元格，輸入公式

「=IF(COLUMN(A1)<=DAY(EOMONTH($D$2,0)),WEEKDAY(DATE(YEAR($D$2),MONTH($D$2),D3),1),"")」，然後向右拖動填充句柄到 AH 列，設置單元格日期格式為星期，求出本月的星期值。

⑥ 突出顯示星期六和星期日，選擇單元格區域 D4：AH4，選擇「開始」菜單中的「條件格式」，在下拉列表中選擇「管理規則」，如圖 2-8 所示。

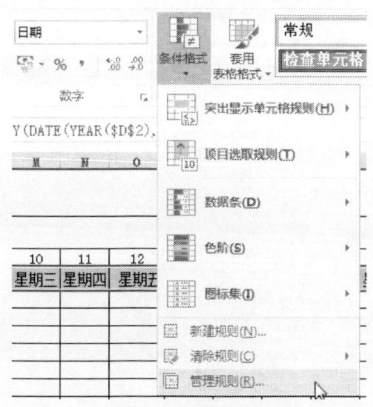

圖 2-8　管理規則

在「條件格式規則管理器」選項卡中新建如圖 2-9 所示的兩條規則。

021

圖 2-9　編輯規則

⑦ 突出顯示星期六和星期日的日期，選擇單元格 D3，選擇「開始」菜單中的「條件格式」，在下拉列表中選擇「管理規則」，單擊「新建規則」按鈕，選擇「使用公式確定要設置格式的單元格」，在下面輸入「=D4=7」，並設置相應的格式，如圖 2-10 所示。

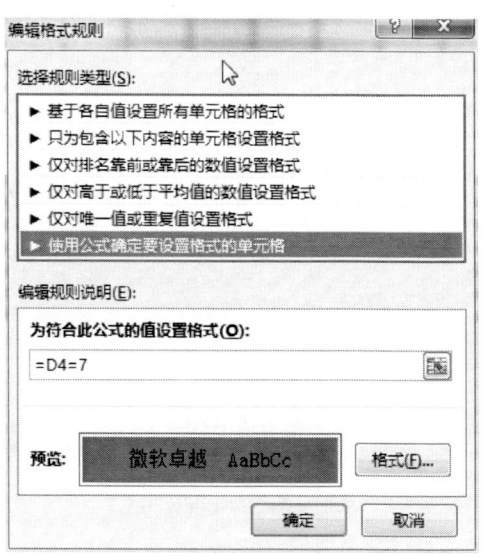

圖 2-10　設置日期格式

同理設置星期日的日期格式。

⑧ 選擇單元格區域 D5：AH19，用上面所講過的「數據驗證」的方法輸入序列「事假，病假，曠工，出勤」，如圖 2-11 所示。

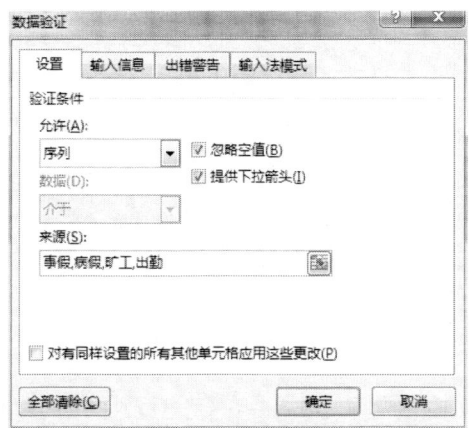

圖 2-11　設置考勤內容序列

2.1.4　製作公司工資基本表

(1) 工資基本結構表

工資結構是指員工工資的構成項目及各自所占的比例。一個合理的組合工資結構應該既有固定工資部分（基本工資、崗位工資、技能或能力工資、工齡工資等），又有浮動工資部分（效益工資、業績工資、獎金等）。工資基本表應包含公司發放的所有工資項，讓員工充分瞭解自己工資所得的明細，如圖 2-12 所示。

工资基本结构表

月份	编号	姓名	部门	基本工资	职称工资	岗位工资	工龄工资	浮动工资	住房补贴	伙食补贴	交通补贴	其他补贴	奖金	应发合计	住房公积金	养老保险	医疗保险	失业保险	病事假	个人所得税	应扣合计	实发合计	日工资	备注
1月	101	段正淳	企划部	3000																				
1月	102	王语嫣	企划部	4000																				
1月	201	慕容博	财务部	2000																				
1月	202	钟灵	财务部	3000																				
1月	301	刀白凤	人事部	3000																				
1月	302	段誉	人事部	2000																				
1月	401	苏星河	销售部	2000																				
1月	402	丁春秋	销售部	2000																				
1月	403	木婉清	销售部	1200																				
1月	501	乔峰	生产部	5000																				
1月	502	阮星竹	生产部	4000																				
1月	503	郁光标	生产部	2000																				
1月	504	朱丹臣	生产部	1200																				
1月	505	高升泰	生产部	1200																				
1月	506	崔百泉	生产部	1200																				

圖 2-12　工資基本結構表

(2) 製作工資基本結構表

工資基本結構的框架部分按常規做法即可，編號、姓名、部門參照上面所講的方法即可完成。工資具體核算等在下一任務中作詳細介紹。

2.2 工資核算與匯總

工資核算是指企業應支付給勞動者的勞動報酬，是企業成本費用的重要組成部分。

企業與職工之間有關勞動報酬方面的工資結算的內容為：應付工資、應扣款和實發合計數。應付工資是按照工資總額組成規定的內容及計算方法計算出來的應付給職工的工資；應扣款是指按照規定先行墊付給職工後從工資中扣回或者扣回再代付出去的款項，如住房公積金、養老保險、個人所得稅等；實發合計數是指應付工資扣除應扣款後的淨額。

【任務描述】

天龍公司根據公司的相關規定，對現有員工進行各項工資的核算，充分利用 Excel 的函數功能提高工作效率。

【任務目標】

1. 瞭解公司工資的項目組成及相關規章制度。
2. 掌握工資核算的基本內容及各項目間的關係。
3. 會使用工資核算過程中涉及的 Excel 函數。
4. 會進行工資核算系統的使用並進行相關排錯。

【任務分析】

針對上述任務，根據國家的有關規定、公司管理制度以及工資管理的高效性要求，在充分掌握公司相關工資管理制度和工資各項目間的關係，充分利用 Excel 函數進行相關的操作，提高工作效率。

【任務分解】

本任務可以分解為以下 3 個子任務。

子任務 1：計算基礎工資和相應補貼。

子任務 2：計算獎金和日工資。

子任務 3：計算應扣項及實發合計。

【任務實施】

2.2.1 計算基礎工資和相應補貼

2.2.1.1 公司相關規定

（1）根據公司工資核算制度，基本工資與學歷相對應，計算方法如表 2-1 所示。

表 2-1　基本工資表

學歷	基本工資（元）
博士	5,000
碩士	4,000
本科	3,000
專科	2,000
其他	1,200

（2）職稱工資與個人所取得的職稱相對應，計算方法如表 2-2 所示。

表 2-2　職稱工資表

職稱	職稱工資（元）
高級經濟師	1,500
經濟師	1,000
高級會計師	1,500
會計師	1,000
高級工程師	1,500
工程師	1,000
其他	500

（3）崗位工資與個人所擔任的職務相對應，計算方法如表 2-3 所示。

表 2-3　崗位工資表

職務	崗位工資（元）
經理	6,000
秘書	3,000
部長	5,000
干事	2,500
組長	3,500
工人	2,000

（4）工齡工資滿整年補貼 100 元，不滿整年不予補貼且封頂 1,500 元。

（5）浮動工資與工齡掛勾，滿 5 年的加 200 元，滿 10 年的加 300 元，其他的不加。

（6）住房補貼與職稱掛勾，高級職稱加 600 元，中級職稱加 400 元，其他職稱加 200 元。

（7）交通補貼與職務掛勾，經理 200 元，秘書 300 元，部長 200 元，干事 300 元，其他的 80 元。

2.2.1.2　涉及的函數

（1）index（）：INDEX 函數是返回表或區域中的值或對值的引用，返回特定行和列交叉處單元格的引用。

（2）match（）：返回指定數值在指定數組區域中的位置。

（3）if（）：根據指定的條件來判斷其「真」（TRUE）「假」（FALSE），根據邏輯計算的真假值，從而返回相應的內容。可以使用函數 IF 對數值和公式進行條件檢測。

（4）days360（）：根據一年 360 天（十二個月都是 30 天）的歷法（用於某些會計計算），返回兩個日期之間的天數。

2.2.1.3　計算相應的工資項

為了方便計算工資，先使用名稱管理器對常用區域進行名稱定義，本次只定義兩個區域。具體操作如下：

（1）選擇菜單中的「公式」，單擊「名稱管理器」，彈出「名稱管理器」對話框，如圖 2-13 所示。

圖 2-13　名稱管理器

（2）單擊「新建」按鈕，彈出「新建名稱」對話框，在名稱欄中輸入「編號」，在引用位置處輸入「=公司職工基本情況！$A$3:$A$50」，如圖 2-14 所示。

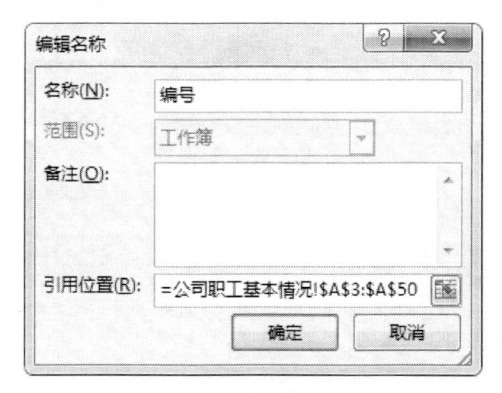

圖 2-14　新建「編號」名稱

（3）同理新建名稱「基本情況」，引用區域為「公司職工基本情況！$A$3:$I$50」，如圖 2-15 所示。

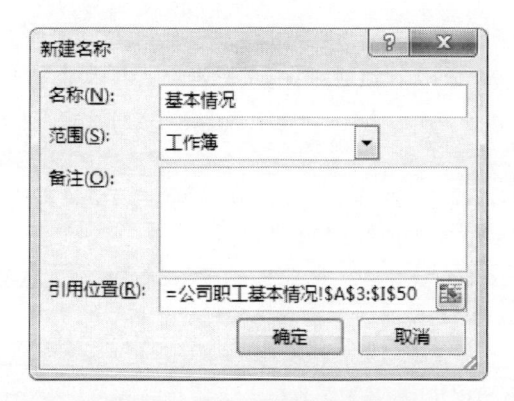

圖 2-15　新建「基本情況」名稱

①計算基本工資

根據公司工資核算制度，基本工資與學歷相對應，具體操作如下：

第一步，選擇單元格 E3，在編輯欄中輸入公式：=IF(INDEX(基本情況,MATCH(B3,編號),0),4)=工資計算各種比率表!$G$18,工資計算各種比率表!$H$18,IF(INDEX(基本情況,MATCH(B3,編號),0),4)=工資計算各種比率表!$G$19,工資計算各種比率表!$H$19,IF(INDEX(基本情況,MATCH(B3,編號),0),4)=工資計算各種比率表!$G$20,工資計算各種比率表!$H$20,IF(INDEX(基本情況,MATCH(B3,編號),0),4)=工資計算各種比率表!$G$21,工資計算各種比率表!$H$21,IF(INDEX(基本情況,MATCH(B3,編號),0),4)=工資計算各種比率表!$G$22,工資計算各種比率表!$H$22,0)))))),計算出其基本工資。

第二步，拖動填充句柄，求出其他人員的基本工資，如圖 2-16 所示。

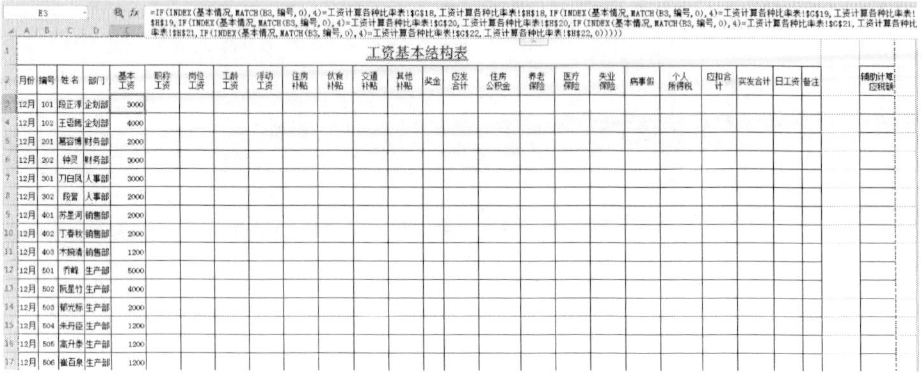

图 2-16　計算基本工資

② 計算職稱工資

根據公司工資核算制度，職稱工資與個人所取得的職稱相對應，具體操作如下：

第一步，選擇單元格 F3，在編輯欄中輸入公式：=IF(INDEX(基本情況,MATCH(B3,編號,0),6)=工資計算各種比率表!$K$14,工資計算各種比率表!$L$14,IF(INDEX(基本情況,MATCH(B3,編號,0),6)=工資計算各種比率表!$K$15,工資計算各種比率表!$L$15,IF(INDEX(基本情況,MATCH(B3,編號,0),6)=工資計算各種比率表!$K$16,工資計算各種比率表!$L$16,IF(INDEX(基本情況,MATCH(B3,編號,0),6)=工資計算各種比率表!$K$17,工資計算各種比率表!$L$17,IF(INDEX(基本情況,MATCH(B3,編號,0),6)=工資計算各種比率表!$K$18,工資計算各種比率表!$L$18,IF(INDEX(基本情況,MATCH(B3,編號,0),6)=工資計算各種比率表!$K$19,工資計算各種比率表!$L$19,IF(INDEX(基本情況,MATCH(B3,編號,0),6)=工資計算各種比率表!$K$20,工資計算各種比率表!$L$20,0)))))))，計算出其職稱工資。

第二步，拖動填充句柄，求出其他人員的職稱工資，如圖 2-17 所示。

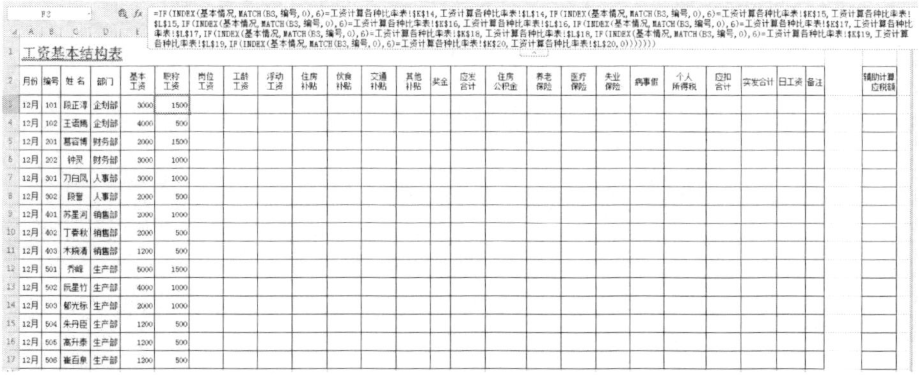

F3

=IF(INDEX(基本情况,MATCH(B3,编号,0),6)=工资计算各种比率表!$K$14,工资计算各种比率表!$L$14,IF(INDEX(基本情况,MATCH(B3,编号,0),6)=工资计算各种比率表!$K$15,工资计算各种比率表!$L$15,IF(INDEX(基本情况,MATCH(B3,编号,0),6)=工资计算各种比率表!$K$16,工资计算各种比率表!$L$16,IF(INDEX(基本情况,MATCH(B3,编号,0),6)=工资计算各种比率表!$K$17,工资计算各种比率表!$L$17,IF(INDEX(基本情况,MATCH(B3,编号,0),6)=工资计算各种比率表!$K$18,工资计算各种比率表!$L$18,IF(INDEX(基本情况,MATCH(B3,编号,0),6)=工资计算各种比率表!$K$19,工资计算各种比率表!$L$19,IF(INDEX(基本情况,MATCH(B3,编号,0),6)=工资计算各种比率表!$K$20,工资计算各种比率表!$L$20,0)))))))

工资基本结构表

月份	编号	姓名	部门	基本工资	职称工资	岗位工资	工龄工资	浮动工资	住房补贴	伙食补贴	交通补贴	其他补贴	奖金	应发合计	住房公积金	养老保险	医疗保险	失业保险	病事假	个人所得税	应扣合计	实发合计	日工资	备注		辅助计算应税额
12月	101	段正淳	企划部	3000	1500																					
12月	102	王语嫣	企划部	4000	500																					
12月	201	慕容博	财务部	2000	1500																					
12月	202	钟灵	财务部	3000	1000																					
12月	301	刀白凤	人事部	3000	1000																					
12月	302	段誉	人事部	2000	500																					
12月	401	苏星河	销售部	2000	1000																					
12月	402	丁春秋	销售部	2000	500																					
12月	403	木婉清	销售部	1200	500																					
12月	501	乔峰	生产部	5000	1500																					
12月	502	阮星竹	生产部	4000	1000																					
12月	503	郁光标	生产部	2000	1000																					
12月	504	朱丹臣	生产部	1200	500																					
12月	505	高升泰	生产部	1200	500																					
12月	506	崔百泉	生产部	1200	500																					

圖 2-17 計算職稱工資

③計算崗位工資

根據公司工資核算制度，崗位工資與個人所擔任的職務相對應，具體操作如下：

第一步，選擇單元格 G3，在編輯欄中輸入公式：=IF(INDEX(基本情況,MATCH(B3,編號,0),5)=工資計算各種比率表！$K$4,工資計算各種比率表！$L$4,IF(INDEX(基本情況,MATCH(B3,編號,0),5)=工資計算各種比率表！$K$5,工資計算各種比率表！$L$5,IF(INDEX(基本情況,MATCH(B3,編號,0),5)=工資計算各種比率表！$K$6,工資計算各種比率表！$L$6,IF(INDEX(基本情況,MATCH(B3,編號,0),5)=工資計算各種比率表！$K$7,工資計算各種比率表！$L$7,IF(INDEX(基本情況,MATCH(B3,編號,0),5)=工資計算各種比率表！$K$8,工資計算各種比率表！$L$8,IF(INDEX(基本情況,MATCH(B3,編號,0),5)=工資計算各種比率表！$K$9,工資計算各種比率表！$L$9,0)))))),計算出其崗位工資。

第二步，拖動填充句柄，求出其他人員的崗位工資，如圖 2-18 所示。

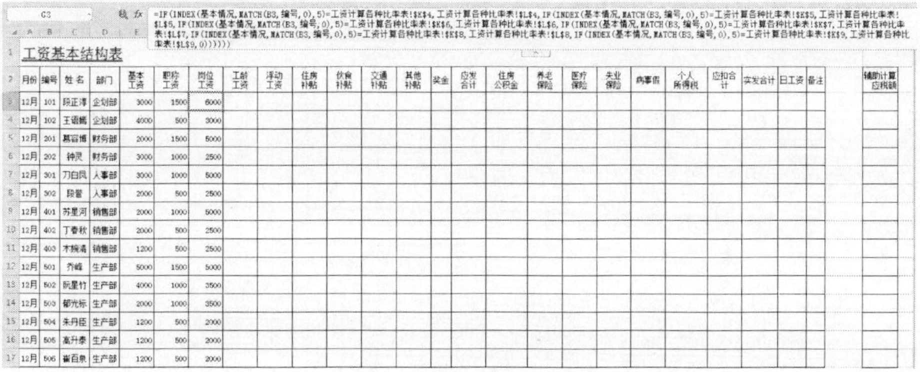

G3

=IF(INDEX(基本情况,MATCH(B3,编号,0),5)=工资计算各种比率表!$K$4,工资计算各种比率表!$L$4,IF(INDEX(基本情况,MATCH(B3,编号,0),5)=工资计算各种比率表!$K$5,工资计算各种比率表!$L$5,IF(INDEX(基本情况,MATCH(B3,编号,0),5)=工资计算各种比率表!$K$6,工资计算各种比率表!$L$6,IF(INDEX(基本情况,MATCH(B3,编号,0),5)=工资计算各种比率表!$K$7,工资计算各种比率表!$L$7,IF(INDEX(基本情况,MATCH(B3,编号,0),5)=工资计算各种比率表!$K$8,工资计算各种比率表!$L$8,IF(INDEX(基本情况,MATCH(B3,编号,0),5)=工资计算各种比率表!$K$9,工资计算各种比率表!$L$9,0))))))

工资基本结构表

月份	编号	姓名	部门	基本工资	职称工资	岗位工资	工龄工资	浮动工资	住房补贴	伙食补贴	交通补贴	其他补贴	奖金	应发合计	住房公积金	养老保险	医疗保险	失业保险	病事假	个人所得税	应扣合计	实发合计	日工资	备注		辅助计算应税额
12月	101	段正淳	企划部	3000	1500	6000																				
12月	102	王语嫣	企划部	4000	500	3000																				
12月	201	慕容博	财务部	2000	1500	5000																				
12月	202	钟灵	财务部	3000	1000	2500																				
12月	301	刀白凤	人事部	3000	1000	5000																				
12月	302	段誉	人事部	2000	500	2500																				
12月	401	苏星河	销售部	2000	1000	5000																				
12月	402	丁春秋	销售部	2000	500	2500																				
12月	403	木婉清	销售部	1200	500	2500																				
12月	501	乔峰	生产部	5000	1500	5000																				
12月	502	阮星竹	生产部	4000	1000	3500																				
12月	503	郁光标	生产部	2000	1000	3500																				
12月	504	朱丹臣	生产部	1200	500	2000																				
12月	505	高升泰	生产部	1200	500	2000																				
12月	506	崔百泉	生产部	1200	500	2000																				

圖 2-18 計算崗位工資

④計算工齡工資

根據公司工資核算制度，工齡工資滿整年補貼 100 元，不滿整年不予補貼且封頂 1,500元，具體操作如下：

第一步，選擇單元格 H3，在編輯欄中輸入公式：=IF(公司職工基本情況！J3 * 100>1,500,1,500,公司職工基本情況！J3 * 100)，計算出其工齡工資。

第二步，拖動填充句柄，求出其他人員的工齡工資，如圖 2-19 所示。

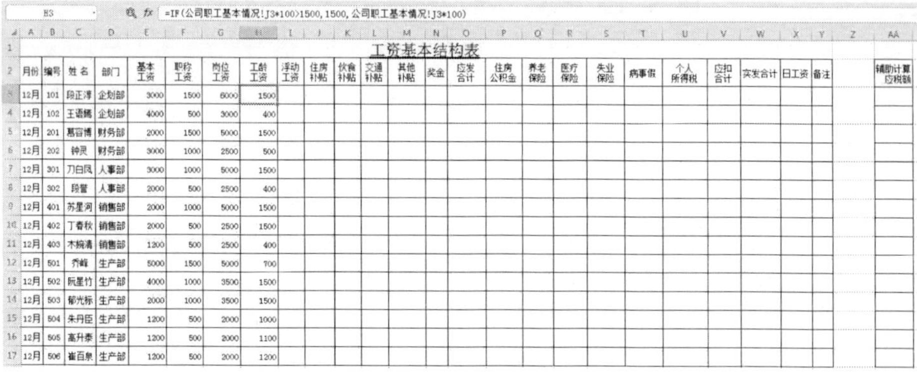
H3 =IF(公司职工基本情况!J3*100>1500, 1500, 公司职工基本情况!J3*100)

工资基本结构表

月份	编号	姓名	部门	基本工资	职称工资	岗位工资	工龄工资	浮动工资	住房补贴	伙食补贴	交通补贴	其他补贴	奖金	应发合计	住房公积金	养老保险	医疗保险	失业保险	病事假	个人所得税	应扣合计	实发合计	日工资	备注	辅助计算应税额
12月	101	段正淳	企划部	3000	1500	6000	1500																		
12月	102	王语嫣	企划部	4000	500	3000	400																		
12月	201	慕容博	财务部	2000	1500	5000	1500																		
12月	202	钟灵	财务部	3000	1000	2500	500																		
12月	301	刀白凤	人事部	3000	1000	5000	1500																		
12月	302	段誉	人事部	2000	500	2500	400																		
12月	401	苏星河	销售部	2000	1000	5000	1500																		
12月	402	丁春秋	销售部	2000	500	2500	1500																		
12月	403	木婉清	销售部	1200	500	2500	400																		
12月	501	乔峰	生产部	5000	1500	5000	700																		
12月	502	阮星竹	生产部	4000	1000	3500	1500																		
12月	503	郁光标	生产部	2000	1000	3500	1500																		
12月	504	朱丹臣	生产部	1200	500	2000	1000																		
12月	505	高升泰	生产部	1200	500	2000	1100																		
12月	506	崔百泉	生产部	1200	500	2000	1200																		

圖 2-19　計算工齡工資

⑤計算浮動工資

根據公司工資核算制度，浮動工資與工齡掛勾，滿 5 年的加 200 元，滿 10 年的加 300 元，其他的不加。具體操作如下：

第一步，選擇單元格 I3，在編輯欄中輸入公式：=IF(公司職工基本情況！J3>=10,300,IF(公司職工基本情況！J3>=5,200,0))，計算出其浮動工資。

第二步，拖動填充句柄，求出其他人員的浮動工資，如圖 2-20 所示。

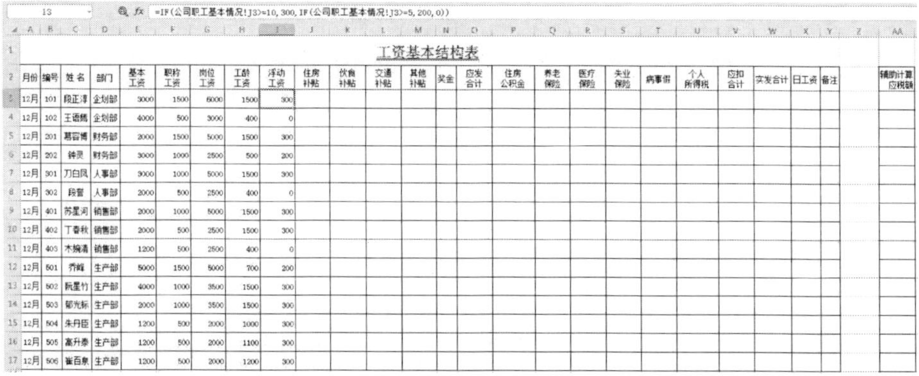
I3 =IF(公司职工基本情况!J3>=10, 300, IF(公司职工基本情况!J3>=5, 200, 0))

工资基本结构表

月份	编号	姓名	部门	基本工资	职称工资	岗位工资	工龄工资	浮动工资	住房补贴	伙食补贴	交通补贴	其他补贴	奖金	应发合计	住房公积金	养老保险	医疗保险	失业保险	病事假	个人所得税	应扣合计	实发合计	日工资	备注	辅助计算应税额
12月	101	段正淳	企划部	3000	1500	6000	1500	300																	
12月	102	王语嫣	企划部	4000	500	3000	400	0																	
12月	201	慕容博	财务部	2000	1500	5000	1500	300																	
12月	202	钟灵	财务部	3000	1000	2500	500	200																	
12月	301	刀白凤	人事部	3000	1000	5000	1500	300																	
12月	302	段誉	人事部	2000	500	2500	400	0																	
12月	401	苏星河	销售部	2000	1000	5000	1500	300																	
12月	402	丁春秋	销售部	2000	500	2500	1500	300																	
12月	403	木婉清	销售部	1200	500	2500	400	0																	
12月	501	乔峰	生产部	5000	1500	5000	700	200																	
12月	502	阮星竹	生产部	4000	1000	3500	1500	300																	
12月	503	郁光标	生产部	2000	1000	3500	1500	300																	
12月	504	朱丹臣	生产部	1200	500	2000	1000	300																	
12月	505	高升泰	生产部	1200	500	2000	1100	300																	
12月	506	崔百泉	生产部	1200	500	2000	1200	300																	

圖 2-20　計算浮動工資

⑥計算住房補貼

根據公司工資核算制度，與職稱掛勾，高級職稱加 600 元，中級職稱加 400 元，其他職稱加 200 元，具體操作如下：

第一步，選擇單元格 J3，在編輯欄中輸入公式：=IF(INDEX(基本情況,MATCH(B3,編號,0),6)=工資計算各種比率表！$K$14,工資計算各種比率表！$M$14,IF(INDEX(基本情況,MATCH(B3,編號,0),6)=工資計算各種比率表！$K$15,工資計算各種比率表！$M$15,IF(INDEX(基本情況,MATCH(B3,編號,0),6)=工資計算各種比率表！$K$16,工資計算各種比率表！$M$16,IF(INDEX(基本情況,MATCH(B3,編號,0),6)=工資計算各種比率表！$K$17,工資計算各種比率表！$M$17,IF(INDEX(基本情況,MATCH(B3,編號,0),6)=工資計算各種比率表！$K$18,工資計算各種比率表！$M$18,IF(INDEX(基本情況,MATCH(B3,編號,0),6)=工資計算各種比率表！$K$19,工資計算各種比率表！$M$19,IF(INDEX(基本情況,MATCH(B3,編號,0),6)=工資計算各種比率表！$K$20,工資計算各種比率表！$M$20,0))))))),計算出其住房補貼。

第二步，拖動填充句柄，求出其他人員的住房補貼，如圖 2-21 所示。

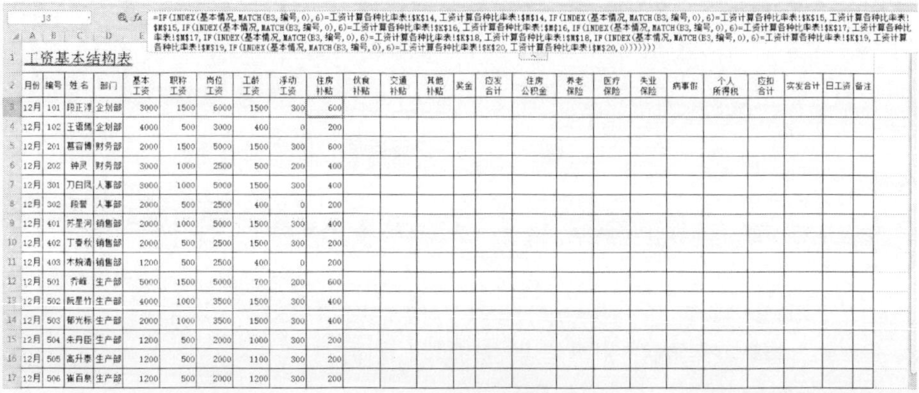
J3
=IF(INDEX(基本情况,MATCH(B3,编号,0),6)=工资计算各种比率表!$K$14,工资计算各种比率表!$M$14,IF(INDEX(基本情况,MATCH(B3,编号,0),6)=工资计算各种比率表!$K$15,工资计算各种比率表!$M$15,IF(INDEX(基本情况,MATCH(B3,编号,0),6)=工资计算各种比率表!$K$16,工资计算各种比率表!$M$16,IF(INDEX(基本情况,MATCH(B3,编号,0),6)=工资计算各种比率表!$K$17,工资计算各种比率表!$M$17,IF(INDEX(基本情况,MATCH(B3,编号,0),6)=工资计算各种比率表!$K$18,工资计算各种比率表!$M$18,IF(INDEX(基本情况,MATCH(B3,编号,0),6)=工资计算各种比率表!$K$19,工资计算各种比率表!$M$19,IF(INDEX(基本情况,MATCH(B3,编号,0),6)=工资计算各种比率表!$K$20,工资计算各种比率表!$M$20,0)))))))

工资基本结构表

月份	编号	姓名	部门	基本工资	职称工资	岗位工资	工龄工资	浮动工资	住房补贴	伙食补贴	交通补贴	其他补贴	奖金	应发合计	住房公积金	养老保险	医疗保险	失业保险	病事假	个人所得税	应扣合计	实发合计	日工资	备注
12月	101	段正淳	企划部	3000	1500	6000	1500	300	600															
12月	102	王语嫣	企划部	4000	500	3000	400	0	200															
12月	201	慕容博	财务部	2000	1500	5000	1500	300	600															
12月	202	钟灵	财务部	3000	1000	2500	500	200	400															
12月	301	刀白凤	人事部	3000	1000	5000	1500	300	400															
12月	302	段誉	人事部	2000	500	2500	400	0	200															
12月	401	苏星河	销售部	2000	1000	5000	1500	300	400															
12月	402	丁春秋	销售部	2000	500	2500	1500	300	200															
12月	403	木婉清	销售部	1200	500	2500	400	0	200															
12月	501	乔峰	生产部	5000	1500	5000	700	200	600															
12月	502	阮星竹	生产部	4000	1000	3500	1500	300	400															
12月	503	郁光标	生产部	2000	1000	3500	1500	300	400															
12月	504	朱丹臣	生产部	1200	500	2000	1000	300	200															
12月	505	高升泰	生产部	1200	500	2000	1100	300	200															
12月	506	崔百泉	生产部	1200	500	2000	1200	300	200															

圖 2-21　計算住房補貼

⑦計算伙食補貼

本月無伙食補貼。

⑧計算交通補貼

根據公司工資核算制度，交通補貼與職務掛勾，經理 200 元，秘書 300 元，部長 200 元，干事 300 元，其他的 80 元。具體操作如下：

第一步，選擇單元格 L3，在編輯欄中輸入公式：=IF(INDEX(基本情況,MATCH(B3,編號,0),5)=工資計算各種比率表！$K$4,工資計算各種比率表！$M$4,IF(INDEX(基本情況,MATCH(B3,編號,0),5)=工資計算各種比率表！$K$5,工資計算各種比率表！M

5,IF(INDEX(基本情況,MATCH(B3,編號,0),5)=工資計算各種比率表!$K$6,工資計算各種比率表!$M$6,IF(INDEX(基本情況,MATCH(B3,編號,0),5)=工資計算各種比率表!$K$7,工資計算各種比率表!$M$7,IF(INDEX(基本情況,MATCH(B3,編號,0),5)=工資計算各種比率表!$K$8,工資計算各種比率表!$M$8,IF(INDEX(基本情況,MATCH(B3,編號,0),5)=工資計算各種比率表!$K$9,工資計算各種比率表!$M$9,0)))))),計算出其交通補貼。

第二步，拖動填充句柄，求出其他人員的交通補貼，如圖2-22所示。

圖 2-22 計算交通補貼

⑨計算其他補貼

全勤獎勵300元計算其他補貼，除此之外，本月無其它補貼。具體操作如下：

第一步，選擇單元格M3，在編輯欄中輸入公式：「=IF(AND('公司職工考勤表'!AJ5=0,'公司職工考勤表'!AK5=0,'公司職工考勤表'!AL5=0),300,0)」。

第二步，拖動填充句柄，求出其他人員的其他補貼。

2.2.2 計算獎金和日工資

根據公司的經營情況發放獎金，本月平均分配，每人500元。公司按每月21.75天進行薪酬合計，並依此計算日工資。應發工資為基本工資、職稱工資、崗位工資、工齡工資、浮動工資、住房補貼、伙食補貼、交通補貼、其他補貼的總和。具體操作如下：

(1) 選擇單元格N3，在編輯欄中輸入公式：「=500」。

(2) 拖動填充句柄，求出其他人員的獎金。

(3) 選擇單元格O3，在編輯欄中輸入求和公式：「=SUM（E3：N3）」。

(4) 拖動填充句柄，求出其他人員的應發合計。

(5) 選擇單元格W3，在編輯欄中輸入公式：「=O3/21.75」。

（6）拖動填充句柄，求出其他人員的日工資，保留兩位小數。

（7）計算結果如圖 2-23 所示。

月份	編號	姓名	部門	基本工資	職稱工資	崗位工資	工齡工資	浮動工資	住房補貼	伙食補貼	交通補貼	其他補貼	獎金	應發合計	住房公積金	養老保險	醫療保險	失業保險	病事假	個人所得稅	應扣合計	實發合計	日工資	備注
12月	101	段正淳	企划部	3000	1500	6000	1500	300		600		200		500	13600									625.29	
12月	102	王道通	企划部	4000	500	3000	400	0		300		300		500	8900									409.20	
12月	201	慕容博	財務部	2000	1500	5000	1500	0		600		300		500	11600									533.33	
12月	202	鍾靈	財務部	3000	1000	2500	500	200		400		300		500	8400									386.21	
12月	301	刀白鳳	人事部	3000	1000	3500	300	300		200		300		500	11900									547.13	
12月	302	段譽	人事部	2000	500	2500	400	0		200		300	300	500	6700									308.05	
12月	401	苏星河	銷售部	2000	1000	1500	1500	400		200		300	300	500	11200									514.94	
12月	402	丁春秋	銷售部	2000	500	2500	500	200		300		300		500	7800									358.62	
12月	403	木婉清	銷售部	1200		2500	400	0		200		300		500	5900									271.26	
12月	501	喬峰	生產部	5000	1500	5000	700			600		300	300	500	14000									643.68	
12月	502	阮星竹	生產部	4000	1000	3500	1500	400		400		300		500	11280									518.62	
12月	503	鄧元覺	生產部	2000	1000	3500	400			80		300		500	9280									426.67	
12月	504	朱丹臣	生產部	1200		2000	1000	300		80		300	300	500	6080									279.54	
12月	505	高升泰	生產部	1200		2000	1100	200		80		300		500	6180									284.14	
12月	506	崔百泉	生產部	1200	500	2000	1200	200		80		300	500	500	6280									288.74	

圖 2-23　計算獎金和日工資

2.2.3　計算應扣項及實發合計數

每月財會部門還須根據有關單位和部門轉來的扣款通知代扣某些款項，如社會保險費的個人自付部分、個人所得稅、住房公積金、病事假扣款等。

社會保險是國家通過立法建立的一種社會保障制度。中國現階段向所有企業徵繳的社會保險有基本養老保險、失業保險、基本醫療保險、工傷保險和生育保險五個險種。基本養老保險、基本醫療保險和失業保險由單位和個人共同繳費，工傷保險、生育保險由單位繳費。社會保險個人繳納部分應由所在企業從職工本人工資中代扣代繳。

2.2.3.1　住房公積金

按照相關規定，個人的住房公積金等於應發合計×個人扣繳比例。具體操作如下：

（1）選擇工資基本結構表中的 P3 單元格，在編輯欄中輸入公式：「＝O3＊工資計算各種比率表！$D$8」。

（2）拖動填充句柄，求出其他人員的住房公積金。

2.2.3.2　養老保險

按照相關規定，個人養老保險等於應發合計×個人扣繳比例。具體操作如下：

（1）選擇工資基本結構表中的 Q3 單元格，在編輯欄中輸入公式：「＝O3＊工資計算各種比率表！$D$5」。

（2）拖動填充句柄，求出其他人員的養老保險。

2.2.3.3　醫療保險

按照相關規定，個人醫療保險等於應發合計×個人扣繳比例。具體操作如下：

（1）選擇工資基本結構表中的 R3 單元格，在編輯欄中輸入公式：「=O3 * 工資計算各種比率表! $D$6」。

（2）拖動填充句柄，求出其他人員的醫療保險。

2.2.3.4　失業保險

按照相關規定，個人失業保險等於應發合計×個人扣繳比例。具體操作如下：

（1）選擇工資基本結構表中的 S3 單元格，在編輯欄中輸入公式：「=O3 * 工資計算各種比率表! $D$7」。

（2）拖動填充句柄，求出其他人員的失業保險。

2.2.3.5　病事假

（1）計算病事假等天數，具體操作如下：

①選擇公司職工考勤表中的 AJ5 單元格，在編輯欄中輸入公式：「=COUNTIF（D5:AH5," 病假" ）」。

②拖動填充句柄，求出其他人員病假的天數。

③同理選擇公司職工考勤表中的 AK5 單元格，在編輯欄中輸入公式：「=COUNTIF（D5:AH5," 事假" ）」。

④拖動填充句柄，求出其他人員事假的天數。

⑤最後選擇公司職工考勤表中的 AL5 單元格，在編輯欄中輸入公式：「=COUNTIF（D5:AH5," 曠工." ）」。

⑥拖動填充句柄，求出其他人員曠工的天數。結果如圖 2-24 所示。

AJ	AK	AL	AM	AN
\multicolumn{3}{c|}{請假天數統計}	日工資	扣款金額
病假	事假	曠工		
2	0	0	625	625
1	1	0	405	607
1	0	0	533	267
1	0	0	386	193
0	1	0	547	547
0	0	0	308	0
0	0	0	515	0
1	0	0	359	179
0	0	0	271	0
0	0	0	644	0
0	1	0	519	519
2	0	0	427	427
0	0	0	270	0
0	0	0	280	0
0	0	0	289	0

圖 2-24　病事假及扣款

（2）計算病事假扣款金額，具體操作如下：

①將工資基本結構表中的日工資複製到公司職工考勤表中。

②選擇公司職工考勤表中的 AN5 單元格，在編輯欄中輸入公式：「=IF(AJ5+AK5+

AL5=0,0,AJ5＊0.5＊AM5+AK5＊AM5+AL5＊3＊AM5)」。

③拖動填充句柄，求出其他人員扣款金額。

④選擇公司職工考勤表中的單元格區域A5：A100，定義其名稱為「編號2」，再選擇單元格區域A5：AN100，定義其名稱為「考勤統計」。

⑤選擇工資基本結構表中的T3單元格，在編輯欄中輸入公式：=ROUND(INDEX(考勤統計,MATCH(B3,編號2,0),40),1)。

⑥拖動填充句柄，求出其他人員病事假。

2.2.3.6　輔助計算應納個稅稅額

按照相關規定，個人所得稅為應發合計減去國家規定的減除費用和病事假扣款後的所得金額進行計算，為了簡化計算公式，新增一列輔助計算應納稅額，用來計算個稅的所得金額，其值等於：應發合計-住房公積金-養老保險-醫療保險-失業保險-病事假扣款。具體操作如下：

（1）選擇工資基本結構表中的AA3單元格，在編輯欄中輸入公式：=O3-SUM(P3:T3)。

（2）拖動填充句柄，求出其他人員的輔助計算應納個稅稅額。

2.2.3.7　個人所得稅

按照相關規定，根據工資計算各種比率表中個人所得稅稅率表計算個人所得稅，具體操作如下：

（1）選擇工資基本結構表中的U3單元格，在編輯欄中輸入公式：=IF((AA3-工資計算各種比率表!$C$11)>80,000,(AA3-工資計算各種比率表!$C$11)＊工資計算各種比率表!$D$20/100-工資計算各種比率表!$E$20,IF((AA3-工資計算各種比率表!$C$11)>55,000,(AA3-工資計算各種比率表!$C$11)＊工資計算各種比率表!$D$19/100-工資計算各種比率表!$E$19,IF((AA3-工資計算各種比率表!$C$11)>35,000,(AA3-工資計算各種比率表!$C$11)＊工資計算各種比率表!$D$18/100-工資計算各種比率表!$E$18,IF((AA3-工資計算各種比率表!$C$11)>25,000,(AA3-工資計算各種比率表!$C$11)＊工資計算各種比率表!$D$17/100-工資計算各種比率表!$E$17,IF((AA3-工資計算各種比率表!$C$11)>12,000,(AA3-工資計算各種比率表!$C$11)＊工資計算各種比率表!$D$16/100-工資計算各種比率表!$E$16,IF((AA3-工資計算各種比率表!$C$11)>3,000,(AA3-工資計算各種比率表!$C$11)＊工資計算各種比率表!$D$15/100-工資計算各種比率表!$E$15,IF((AA3-工資計算各種比率表!$C$11)>0,(AA3-工資計算各種比率表!$C$11)＊工資計算各種比率表!$D$14/100-工資計算各種比率表!$E$14,0)))))))。

（2）拖動填充句柄，求出其他人員的個人所得稅。

2.2.3.8　應扣合計

應扣合計為所有扣款項（住房公積金、養老保險、醫療保險、失業保險、病事假、個

人所得稅）之和。具體操作如下：

（1）選擇工資基本結構表中的 V3 單元格，在編輯欄中輸入公式：「=SUM(P3:U3)」。

（2）拖動填充句柄，求出其他人員的應扣合計。

2.2.3.9 實發合計

實發合計就是職工的應發合計去除應扣合計後的金額，其計算公式為：實發合計=應發合計-應扣合計，具體操作如下：

（1）選擇工資基本結構表中的 W3 單元格，在編輯欄中輸入公式：「=O3-V3」。

（2）拖動填充句柄，求出其他人員的實發合計。

至此，整個工資表的內容已填寫完畢，下月只需更改相關數據即可，無需更改公式。最終結果如圖 2-25 所示。

工资基本结构表

月份	编号	姓名	部门	基本工资	职称工资	岗位工资	工龄工资	浮动工资	住房补贴	伙食补贴	交通补贴	其他补贴	奖金	应发合计	住房公积金	养老保险	医疗保险	失业保险	病事假	个人所得税	应扣合计	实发合计	日工资	备注	辅助计算应税额
12月	101	段正淳	企划部	3000	1500	6000	1500	300	600		200	0	500	13600	1088.00	1088.00	272.00	136.00	625.30	329.07	3538.37	10061.63	625.29		10390.70
12月	102	王语嫣	企划部	4000	500	3000	400	0	200		300	0	500	8900	712.00	712.00	178.00	89.00	613.80	47.86	2352.66	6547.34	409.20		6595.20
12月	201	慕容博	财务部	2000	1500	5000	1500	300	600		200	0	500	11600	928.00	928.00	232.00	116.00	266.70	202.93	2673.63	8926.37	533.33		9129.30
12月	202	钟灵	财务部	3000	1000	2500	500	200	400		300	0	500	8400	672.00	672.00	168.00	84.00	193.10	48.33	1837.43	6562.57	386.21		6610.90
12月	301	刀白凤	人事部	3000	1000	5000	1500	300	400		200	0	500	11900	952.00	952.00	238.00	119.00	547.10	199.19	3007.29	8892.71	547.13		9091.90
12月	302	段誉	人事部	2000	500	2500	400	0	200		300	300	500	6700	536.00	536.00	134.00	67.00	0.00	12.81	1285.81	5414.19	308.05		5427.00
12月	401	苏星河	销售部	2000	1000	5000	1500	300	400		200	300	500	11200	896.00	896.00	224.00	112.00	0.00	197.20	2325.20	8874.80	514.94		9072.00
12月	402	丁春秋	销售部	2000	500	2500	1500	300	200		300	0	500	7800	624.00	624.00	156.00	78.00	179.30	34.16	1695.46	6104.54	358.62		6138.70
12月	403	木婉清	销售部	1200	500	2500	400	0	200		300	300	500	5900	472.00	472.00	118.00	59.00	0.00	0.00	1121.00	4779.00	271.26		4779.00
12月	501	乔峰	生产部	5000	1500	5000	700	200	600		200	300	500	14000	1120.00	1120.00	280.00	140.00	0.00	424.00	3084.00	10916.00	643.68		11340.00
12月	502	阮星竹	生产部	4000	1000	3500	1500	300	400		80	0	500	11280	902.40	902.40	225.60	112.80	518.60	151.82	2813.62	8466.38	518.62		8618.20
12月	503	郁光标	生产部	2000	1000	3500	1500	300	400		80	0	500	9280	742.40	742.40	185.60	92.80	426.70	62.70	2252.60	7027.40	426.67		7090.10
12月	504	朱丹臣	生产部	1200	500	2000	1000	300	200		80	300	500	6080	486.40	486.40	121.60	60.80	0.00	0.00	1155.20	4924.80	279.54		4924.80
12月	505	高升泰	生产部	1200	500	2000	1100	300	200		80	300	500	6180	494.40	494.40	123.60	61.80	0.00	0.17	1174.37	5005.63	284.14		5005.80
12月	506	崔百泉	生产部	1200	500	2000	1200	300	200		80	300	500	6280	502.40	502.40	125.60	62.80	0.00	2.60	1195.80	5084.20	288.74		5086.80

圖 2-25　工資基本結構表

2.3　製作職工工資管理表

職工工資管理表包含工資條、工資總額匯總表、工資費用分配表、記帳憑證清單和查詢表。

【任務描述】

天龍公司要求隨時掌握員工工資分配情況，必須做好工資管理工作，使用各項內容一目了然，以滿足企業管理的需要，從而更好地發揮會計的管理職能。

【任務目標】

1. 學會製作工資條。

2. 學會工資表的匯總。

3. 學會製作工資費用分配表。
4. 學會利用相關數據製作記帳憑證清單。
5. 學會製作員工工資查詢表。
6. 學會工資核算系統的使用並進行相關排錯。

【任務分析】

針對上述任務，根據公司管理制度以及工資管理的高效性，在充分掌握公司相關工資管理制度和工資各項目間的關係，充分利用 Excel 函數進行相關的操作，提高工作效率。

【任務分解】

本任務可以分解為以下 4 個子任務。

子任務 1：製作工資條。
子任務 2：製作工資總額匯總表。
子任務 3：製作記帳憑證清單。
子任務 4：製作查詢表。

【任務實施】

2.3.1 製作工資條

2.3.1.1 工資條的內容

工資條是發放工資時交給職工的工資項目清單，其數據來源於工資基本結構表。工資條是發放給職工個人的，所以工資條應該包括工資中各個組成部分的項目名稱及其數值。隨著信息技術的發展，紙質的工資條已漸漸被電子版工資條所替代，但建議仍保留此表。

2.3.1.2 涉及的函數

（1）INT（）：是將一個要取整的實數（可以為數學表達式）向下取整為最接近的整數。

（2）MOD（）：是一個求餘函數。其格式為：mod（nExp1，nExp2），即是兩個數值表達式作除法運算後的餘數。

（3）ROW（）：是返回一個引用的行號。

（4）COLUMN（）：是查看所選擇的某一個單元格所在列位置。

2.3.1.3 製作工資條

工資條的製作相對比較簡單，具體操作步驟如下：

（1）新建工作表「工資條」，合併單元格 A1：W1，並輸入內容：工資條。格式設置為：居中對齊，加雙線，字號為 20 磅。

（2）選擇單元格 A2，輸入公式：=IF(MOD(ROW()+2,3)=0,"",IF(MOD(ROW()+2,3)=1,工資基本結構表!A$2,INDEX(工資基本結構表!$A:$W,INT((ROW()+4)/3+1),COLUMN())))。

（3）選擇單元格 B2，輸入公式：＝IF(MOD(ROW( )+2,3)=0,"",IF(MOD(ROW( )+2,3)=1,工資基本結構表!B$2,INDEX(工資基本結構表!$A:$W,INT((ROW( )+4)/3+1),COLUMN( )))）。

（4）選擇單元格 C2，輸入公式：＝IF(MOD(ROW( )+2,3)=0,"",IF(MOD(ROW( )+2,3)=1,工資基本結構表!C$2,INDEX(工資基本結構表!$A:$W,INT((ROW( )+4)/3+1),COLUMN( )))）。

（5）選擇單元格 D2，輸入公式：＝IF(MOD(ROW( )+2,3)=0,"",IF(MOD(ROW( )+2,3)=1,工資基本結構表!D$2,INDEX(工資基本結構表!$A:$W,INT((ROW( )+4)/3+1),COLUMN( )))）。

（6）選擇單元格 E2，輸入公式：＝IF(MOD(ROW( )+2,3)=0,"",IF(MOD(ROW( )+2,3)=1,工資基本結構表!E$2,INDEX(工資基本結構表!$A:$W,INT((ROW( )+4)/3+1),COLUMN( )))）。

（7）選擇單元格 F2，輸入公式：＝IF(MOD(ROW( )+2,3)=0,"",IF(MOD(ROW( )+2,3)=1,工資基本結構表!F$2,INDEX(工資基本結構表!$A:$W,INT((ROW( )+4)/3+1),COLUMN( )))）。

（8）選擇單元格 G2，輸入公式：＝IF(MOD(ROW( )+2,3)=0,"",IF(MOD(ROW( )+2,3)=1,工資基本結構表!G$2,INDEX(工資基本結構表!$A:$W,INT((ROW( )+4)/3+1),COLUMN( )))）。

（9）選擇單元格 H2，輸入公式：＝IF(MOD(ROW( )+2,3)=0,"",IF(MOD(ROW( )+2,3)=1,工資基本結構表!H$2,INDEX(工資基本結構表!$A:$W,INT((ROW( )+4)/3+1),COLUMN( )))）。

（10）選擇單元格 I2，輸入公式：＝IF(MOD(ROW( )+2,3)=0,"",IF(MOD(ROW( )+2,3)=1,工資基本結構表!I$2,INDEX(工資基本結構表!$A:$W,INT((ROW( )+4)/3+1),COLUMN( )))）。

（11）選擇單元格 J2，輸入公式：＝IF(MOD(ROW( )+2,3)=0,"",IF(MOD(ROW( )+2,3)=1,工資基本結構表!J$2,INDEX(工資基本結構表!$A:$W,INT((ROW( )+4)/3+1),COLUMN( )))）。

（12）選擇單元格 K2，輸入公式：＝IF(MOD(ROW( )+2,3)=0,"",IF(MOD(ROW( )+2,3)=1,工資基本結構表!K$2,INDEX(工資基本結構表!$A:$W,INT((ROW( )+4)/3+1),COLUMN( )))）。

（13）選擇單元格 L2，輸入公式：＝IF(MOD(ROW( )+2,3)=0,"",IF(MOD(ROW( )+2,3)=1,工資基本結構表!L$2,INDEX(工資基本結構表!$A:$W,INT((ROW( )+4)/3+1),COLUMN( )))）。

（14）選擇單元格 M2，輸入公式：＝IF(MOD(ROW( )+2,3)=0,"",IF(MOD(ROW

()+2,3)=1,工資基本結構表!M$2,INDEX(工資基本結構表!$A:$W,INT((ROW()+4)/3+1),COLUMN()))）。

(15) 選擇單元格 N2,輸入公式:=IF(MOD(ROW()+2,3)=0,"",IF(MOD(ROW()+2,3)=1,工資基本結構表!N$2,INDEX(工資基本結構表!$A:$W,INT((ROW()+4)/3+1),COLUMN()))）。

(16) 選擇單元格 O2,輸入公式:=IF(MOD(ROW()+2,3)=0,"",IF(MOD(ROW()+2,3)=1,工資基本結構表!O$2,INDEX(工資基本結構表!$A:$W,INT((ROW()+4)/3+1),COLUMN()))）。

(17) 選擇單元格 P2,輸入公式:=IF(MOD(ROW()+2,3)=0,"",IF(MOD(ROW()+2,3)=1,工資基本結構表!P$2,INDEX(工資基本結構表!$A:$W,INT((ROW()+4)/3+1),COLUMN()))）。

(18) 選擇單元格 Q2,輸入公式:=IF(MOD(ROW()+2,3)=0,"",IF(MOD(ROW()+2,3)=1,工資基本結構表!Q$2,INDEX(工資基本結構表!$A:$W,INT((ROW()+4)/3+1),COLUMN()))）。

(19) 選擇單元格 R2,輸入公式:=IF(MOD(ROW()+2,3)=0,"",IF(MOD(ROW()+2,3)=1,工資基本結構表!R$2,INDEX(工資基本結構表!$A:$W,INT((ROW()+4)/3+1),COLUMN()))）。

(20) 選擇單元格 S2,輸入公式:=IF(MOD(ROW()+2,3)=0,"",IF(MOD(ROW()+2,3)=1,工資基本結構表!S$2,INDEX(工資基本結構表!$A:$W,INT((ROW()+4)/3+1),COLUMN()))）。

(21) 選擇單元格 T2,輸入公式:=IF(MOD(ROW()+2,3)=0,"",IF(MOD(ROW()+2,3)=1,工資基本結構表!T$2,INDEX(工資基本結構表!$A:$W,INT((ROW()+4)/3+1),COLUMN()))）。

(22) 選擇單元格 U2,輸入公式:=IF(MOD(ROW()+2,3)=0,"",IF(MOD(ROW()+2,3)=1,工資基本結構表!U$2,INDEX(工資基本結構表!$A:$W,INT((ROW()+4)/3+1),COLUMN()))）。

(23) 選擇單元格 V2,輸入公式:=IF(MOD(ROW()+2,3)=0,"",IF(MOD(ROW()+2,3)=1,工資基本結構表!V$2,INDEX(工資基本結構表!$A:$W,INT((ROW()+4)/3+1),COLUMN()))）。

(24) 選擇單元格 W2,輸入公式:=IF(MOD(ROW()+2,3)=0,"",IF(MOD(ROW()+2,3)=1,工資基本結構表!W$2,INDEX(工資基本結構表!$A:$W,INT((ROW()+4)/3+1),COLUMN()))）。

(25) 選擇單元格區域 A2:W2,拖動填充句柄直至最後一名職工為止,最終結果如圖 2-26 所示。

工资条

月份	编号	姓名	部门	基本工资	职称工资	岗位工资	工龄工资	浮动工资	住房补贴	伙食补贴	交通补贴	其他补贴	奖金	应发合计	住房公积金	养老保险	医疗保险	失业保险	病事假	个人所得税	应扣合计	实发合计
12月	101	段正淳	企划部	3000	1500	6000	1500	300	600	0	200	0	500	13600	1088	1088	272	0	136	625.3	329.07	3538.37	10061.63

月份	编号	姓名	部门	基本工资	职称工资	岗位工资	工龄工资	浮动工资	住房补贴	伙食补贴	交通补贴	其他补贴	奖金	应发合计	住房公积金	养老保险	医疗保险	失业保险	病事假	个人所得税	应扣合计	实发合计
12月	102	王语嫣	企划部	4000	500	3000	400	0	200	0	300	0	500	8900	712	712	178	0	89	613.8	47.856	2352.656	6547.344

月份	编号	姓名	部门	基本工资	职称工资	岗位工资	工龄工资	浮动工资	住房补贴	伙食补贴	交通补贴	其他补贴	奖金	应发合计	住房公积金	养老保险	医疗保险	失业保险	病事假	个人所得税	应扣合计	实发合计
12月	201	慕容博	财务部	2000	1500	5000	1500	300	600	0	300	0	500	11600	928	928	232	0	116	266.7	202.93	2673.63	8926.37

月份	编号	姓名	部门	基本工资	职称工资	岗位工资	工龄工资	浮动工资	住房补贴	伙食补贴	交通补贴	其他补贴	奖金	应发合计	住房公积金	养老保险	医疗保险	失业保险	病事假	个人所得税	应扣合计	实发合计
12月	202	神灵	财务部	3000	1000	2500	200	0	400	0	300	0	500	8400	672	672	168	0	84	193.1	48.327	1837.427	6562.573

月份	编号	姓名	部门	基本工资	职称工资	岗位工资	工龄工资	浮动工资	住房补贴	伙食补贴	交通补贴	其他补贴	奖金	应发合计	住房公积金	养老保险	医疗保险	失业保险	病事假	个人所得税	应扣合计	实发合计
12月	301	刀白凤	人事部	3000	1000	5000	1500	300	500	0	200	0	500	11900	952	952	238	0	119	547.1	199.19	3007.29	8892.71

月份	编号	姓名	部门	基本工资	职称工资	岗位工资	工龄工资	浮动工资	住房补贴	伙食补贴	交通补贴	其他补贴	奖金	应发合计	住房公积金	养老保险	医疗保险	失业保险	病事假	个人所得税	应扣合计	实发合计
12月	302	阿紫	人事部	2000	500	2500	400	0	200	0	300	0	500	6700	536	536	134	0	67	0	12.81	1285.81	5414.19

月份	编号	姓名	部门	基本工资	职称工资	岗位工资	工龄工资	浮动工资	住房补贴	伙食补贴	交通补贴	其他补贴	奖金	应发合计	住房公积金	养老保险	医疗保险	失业保险	病事假	个人所得税	应扣合计	实发合计
12月	401	苏星河	销售部	2000	1000	5000	1500	300	500	0	200	300	500	11200	896	896	224	0	112	0	197.2	2325.2	8874.8

图 2-26　工资条

2.3.2　製作工資總額匯總表

工資總額匯總表是按照部門對各項工資進行匯總求和，用戶可以利用 Excel 數據透視表對各工資項目進行匯總。具體操作步驟如下：

（1）選擇單元格區域 A2：X17，單擊「插入」菜單中的「數據透視表」，彈出「創建數據透視表」對話框，如圖 2-27 所示。

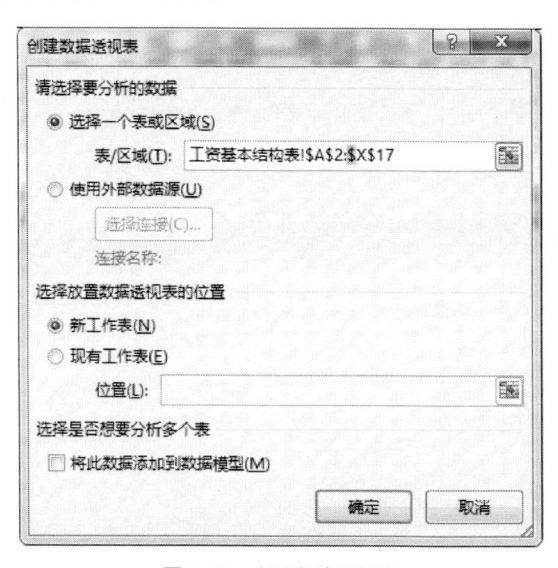

图 2-27　創建數據透視表

（2）在此對話框中選擇區域 A2：X17，位置選擇「新工作表」，然後單擊「確定」按鈕。

（3）將新工作表的表名改為「工資總額匯總表」。

（4）在「數據透視表字段」面板中，將字段「月份」拖入「列」區域，將字段「部門」拖入「行」區域，將字段「應發合計」拖入「值」區域並求和，如圖2-28所示。

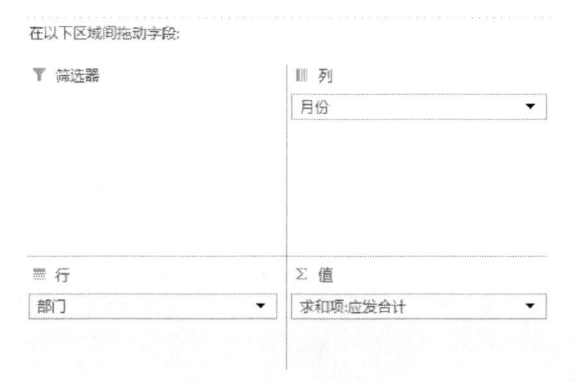

圖 2-28　數據透視表面板

（5）最後寫上標題「工資總額匯總表」，並加上雙下劃線，完成結果如圖2-29所示。

圖 2-29　工資總額匯總表

（6）同理如果要合計其他的工資項，也可以將其字段拖入「值」區域中。

2.3.3　製作記帳憑證清單

按照會計制度規定，不論是否發放，每月要計提工資。計提時，借記管理費用等相關科目，貸記應付職工薪酬。具體操作步驟如下：

(1) 先製作如圖 2-30 所示的空表。

	A	B	C	D	E	F	G	H	I
1	記賬憑證清單									
2	日期	附件	摘要	科目名稱	借方金額	貸方金額	制單人	審核人	記賬人
3	4月30日	1	分配工資	管理費用						
4	4月30日	1	分配工資	銷售費用						
5	4月30日	1	分配工資	基本生產成本						
6	4月30日	1	分配工資	輔助生產成本						
7	4月30日	1	分配工資	應付職工薪酬						

圖 2-30　記帳憑證清單

(2) 選擇單元格 E3，輸入公式：=IF(ISERROR(INDEX(工資總額匯總表!B5:B100,MATCH("財務部",工資總額匯總表!A5:A100,0))),0,INDEX(工資總額匯總表!B5:B100,MATCH("財務部",工資總額匯總表!A5:A100,0)))+IF(ISERROR(INDEX(工資總額匯總表!B5:B100,MATCH("人事部",工資總額匯總表!A5:A100,0))),0,INDEX(工資總額匯總表!B5:B100,MATCH("人事部",工資總額匯總表!A5:A100,0)))+IF(ISERROR(INDEX(工資總額匯總表!B5:B100,MATCH("企劃部",工資總額匯總表!A5:A100,0))),0,INDEX(工資總額匯總表!B5:B100,MATCH("企劃部",工資總額匯總表!A5:A100,0)))。

(3) 選擇單元格 E4，輸入公式：=IF(ISERROR(INDEX(工資總額匯總表!B5:B100,MATCH("銷售部",工資總額匯總表!A5:A100,0))),0,INDEX(工資總額匯總表!B5:B100,MATCH("銷售部",工資總額匯總表!A5:A100,0)))。

(4) 選擇單元格 E5，輸入公式：=IF(ISERROR(INDEX(工資總額匯總表!B5:B100,MATCH("生產部",工資總額匯總表!A5:A100,0))),0,INDEX(工資總額匯總表!B5:B100,MATCH("生產部",工資總額匯總表!A5:A100,0)))。

(5) 選擇單元格 F7，輸入公式：=INDEX(工資總額匯總表!B5:B100,MATCH("總計",工資總額匯總表!A5:A100,0))。

(6) 最終計算結果如圖 2-31 所示。

	A	B	C	D	E	F	G	H	I
1	記賬憑證清單									
2	日期	附件	摘要	科目名稱	借方金額	貸方金額	制單人	審核人	記賬人
3	4月30日	1	分配工資	管理費用	60400.00					
4	4月30日	1	分配工資	銷售費用	24700.00					
5	4月30日	1	分配工資	基本生產成本	54100.00					
6	4月30日	1	分配工資	輔助生產成本						
7	4月30日	1	分配工資	應付職工薪酬		139200.00				

圖 2-31　記帳憑證清單結果

2.3.4　製作查詢表

工資查詢表是提供職工快速查詢的通道，用戶可以通過職工編號查詢該職工的各項工

資明細。其具體操作步驟如下：

（1）先製作如圖 2-32 所示的空表。

圖 2-32　職工工資查詢表

（2）選擇單元格 E3，單擊「數據」菜單，從面板中單擊「數據驗證」，彈出「數據驗證」對話框，如圖 2-33 所示。

圖 2-33　「數據驗證」對話框

（3）在該對話框中，在「設置」選項卡中，允許選擇「序列」，來源輸入「=編號1」，再單擊「輸入信息」按鈕，轉換至「輸入信息」選項卡，如圖 2-34 所示。

圖 2-34 「輸入信息」選項卡

（4）在此選項卡中，輸入信息框中輸入「輸入要查詢的職工編號」，然後單擊「確定」按鈕。

（5）選擇單元格 C5，輸入公式：＝IF(E3＝"",""，INDEX(工資基本結構表！A2：A100,MATCH(查詢表！E3,工資基本結構表！B2:B100,0)))。

（6）選擇單元格 C6，輸入公式：＝IF(E3＝"",""，INDEX(工資基本結構表！C2：C100,MATCH(查詢表！E3,工資基本結構表！B2:B100,0)))。

（7）選擇單元格 C7，輸入公式：＝IF(E3＝"",""，INDEX(公司職工基本情況！E2：E1000,MATCH(查詢表！E3,公司職工基本情況！A2:A1000,0)))。

（8）選擇單元格 E5，輸入公式：＝IF(ISERROR(INDEX('公司職工考勤表'！AJ5：AJ1000,MATCH(查詢表！E3,'公司職工考勤表'！A5:A1000,0))),"","病假 "&INDEX('公司職工考勤表'！AJ5:AJ1000,MATCH(查詢表！E3,'公司職工考勤表'！A5:A1000,0))&"(天)")。

（9）選擇單元格 E6，輸入公式：＝IF(ISERROR(INDEX('公司職工考勤表'！AK5：AK1000,MATCH(查詢表！E3,'公司職工考勤表'！A5:A1000,0))),"","事假 "&INDEX('公司職工考勤表'！AJ5:AJ1000,MATCH(查詢表！E3,'公司職工考勤表'！A5:A1000,0))&"(天)")。

（10）選擇單元格 E7，輸入公式：＝IF(ISERROR(INDEX('公司職工考勤表'！AL5：AL1000,MATCH(查詢表！E3,'公司職工考勤表'！A5:A1000,0))),"","曠工 "&INDEX('公司職工考勤表'！AL5:AL1000,MATCH(查詢表！E3,'公司職工考勤表'！A5:A1000,

0))&"(天)")。

(11) 選擇單元格C11,輸入公式：=IF($E$3="","",INDEX(工資基本結構表!$E$2:$E$100,MATCH(查詢表!$E$3,工資基本結構表!$B$2:$B$100,0)))。

(12) 選擇單元格C12,輸入公式：=IF($E$3="","",INDEX(工資基本結構表!$F$2:$F$100,MATCH(查詢表!$E$3,工資基本結構表!$B$2:$B$100,0)))。

(13) 選擇單元格C13,輸入公式：=IF($E$3="","",INDEX(工資基本結構表!$G$2:$G$100,MATCH(查詢表!$E$3,工資基本結構表!$B$2:$B$100,0)))。

(14) 選擇單元格C14,輸入公式：=IF($E$3="","",INDEX(工資基本結構表!$H$2:$H$100,MATCH(查詢表!$E$3,工資基本結構表!$B$2:$B$100,0)))。

(15) 選擇單元格C15,輸入公式：=IF($E$3="","",INDEX(工資基本結構表!$I$2:$I$100,MATCH(查詢表!$E$3,工資基本結構表!$B$2:$B$100,0)))。

(16) 選擇單元格C16,輸入公式：=IF($E$3="","",INDEX(工資基本結構表!$J$2:$J$100,MATCH(查詢表!$E$3,工資基本結構表!$B$2:$B$100,0)))。

(17) 選擇單元格C17,輸入公式：=IF($E$3="","",INDEX(工資基本結構表!$K$2:$K$100,MATCH(查詢表!$E$3,工資基本結構表!$B$2:$B$100,0)))。

(18) 選擇單元格C18,輸入公式：=IF($E$3="","",INDEX(工資基本結構表!$L$2:$L$100,MATCH(查詢表!$E$3,工資基本結構表!$B$2:$B$100,0)))。

(19) 選擇單元格C19,輸入公式：=IF($E$3="","",INDEX(工資基本結構表!$M$2:$M$100,MATCH(查詢表!$E$3,工資基本結構表!$B$2:$B$100,0)))。

(20) 選擇單元格C20,輸入公式：=IF($E$3="","",INDEX(工資基本結構表!$N$2:$N$100,MATCH(查詢表!$E$3,工資基本結構表!$B$2:$B$100,0)))。

(21) 選擇單元格C21,輸入公式：=IF($E$3="","",INDEX(工資基本結構表!$O$2:$O$100,MATCH(查詢表!$E$3,工資基本結構表!$B$2:$B$100,0)))。

(22) 選擇單元格E11,輸入公式：=IF($E$3="","",INDEX(工資基本結構表!$P$2:$P$100,MATCH(查詢表!$E$3,工資基本結構表!$B$2:$B$100,0)))。

(23) 選擇單元格E12,輸入公式：=IF($E$3="","",INDEX(工資基本結構表!$Q$2:$Q$100,MATCH(查詢表!$E$3,工資基本結構表!$B$2:$B$100,0)))。

(24) 選擇單元格E13,輸入公式：=IF($E$3="","",INDEX(工資基本結構表!$R$2:$R$100,MATCH(查詢表!$E$3,工資基本結構表!$B$2:$B$100,0)))。

(25) 選擇單元格E14,輸入公式：=IF($E$3="","",INDEX(工資基本結構表!$S$2:$S$100,MATCH(查詢表!$E$3,工資基本結構表!$B$2:$B$100,0)))。

(26) 選擇單元格E15,輸入公式：=IF($E$3="","",INDEX(工資基本結構表!$T$2:$T$100,MATCH(查詢表!$E$3,工資基本結構表!$B$2:$B$100,0)))。

(27) 選擇單元格E16,輸入公式：=IF($E$3="","",INDEX(工資基本結構表!$U

$2:$U$100,MATCH(查詢表！$E$3,工資基本結構表！$B$2:$B$100,0)))。

（28）選擇單元格 E21，輸入公式：=IF($E$3="",""，INDEX(工資基本結構表！$V$2:$V$100,MATCH(查詢表！$E$3,工資基本結構表！$B$2:$B$100,0)))。

（29）選擇單元格 C23，輸入公式：=IF($E$3="",""，INDEX(工資基本結構表！$W$2:$W$100,MATCH(查詢表！$E$3,工資基本結構表！$B$2:$B$100,0)))。

（30）最後單擊 E5 單元格，選擇「102」編號，查詢結果如圖 2-35 所示。

圖 2-35　查詢職工工資

📖 能力拓展　工資核算表

任務描述：某公司為了提高工資核算效率，同時盡可能地節省成本，希望充分利用辦公軟件中 Excel 的強大功能。請你依據公司的要求，利用 Excel 設計工資核算系統，並用公式或函數計算有關項目。

要求：

1. 計算崗位工資。企管人員為 1,000 元，車間管理人員為 900 元，其他人員為 700 元。

2. 計算獎金。企管和車間管理人員為 200 元，銷售人員為 250 元，其他人員為 300 元。

3. 計算交通補貼。銷售人員為 300 元，其他人員為 200 元。

4. 計算日工資。日工資＝（基本工資+崗位工資+交通補貼+獎金）/21.75。

5. 計算病事假扣款。病假按日工資 45% 扣工資；事假按日工資 100% 扣工資。

6. 計算應發合計。

7. 計算養老金，按 8% 的比例計算。

8. 計算扣款合計。

9. 計算實發工資。

3 Excel 在固定資產管理中的應用

固定資產是企業生產經營過程中的重要資料，具體是指使用期限超過一年且單位價值較高並保持原有實物形態的資產。加強企業的固定資產管理，對於保證固定資產安全完整、提高企業的生產能力、推動技術進步、提高企業經濟效益，有著重要的意義。

3.1 固定資產初始化

固定資產初始化主要是設置類別編號、類別名稱、使用部門、固定資產增加方式、使用情況、折舊方法、減少原因及折舊費用類別等相關內容。

【任務描述】

天龍公司是機械製造有限公司。公司為了加強企業固定資產管理，提高管理效率，也為了方便資產數據的管理，要求預先設置固定資產相關參數。

【任務目標】

1. 瞭解固定資產的核算流程。
2. 掌握固定資產核算所需的表格內容。
3. 掌握固定資產核算需預先設置的相關內容及作用。

【任務分析】

針對上述任務，根據公司管理制度以及固定資產的核算要求，利用 Excel 的基本功能，製作固定資產基本參數表並設置相關字段類型。

【任務實施】

3.1.1 製作固定資產基本參數表

建立固定資產基本參數表是為了方便以後輸入相關數據，在參數表中設置項目及項目類型，主要有類別編號、類別名稱、使用部門、固定資產增加方式、使用情況、折舊方法、減少原因及折舊費用類別等相關內容。具體操作步驟如下：

（1）新建 Excel 工作表，更改工作表「sheet1」的表名為「基本參數表」。

（2）在第一行輸入類別編號、類別名稱、使用部門、固定資產增加方式、使用情況、折舊方法、減少原因及折舊費用類別。

（3）選擇區域 A2：A100，定義其數據格式為「文本」，並輸入所有的類別編號。

（4）同理輸入類別名稱、使用部門、固定資產增加方式、使用情況、折舊方法、減少原因及折舊費用類別等相關內容，結果如圖 3-1 所示。

	A	B	C	D	E	F	G	H
1	類別編號	類別名稱	使用部門	增加方式	使用狀況	折舊方法	減少原因	折舊費用類別
2	011	房屋	辦公室	購入	正常使用	平均年限法	對外捐贈	製造費用
3	021	生產設備	後勤部	自建	未用	雙倍餘額法	出售	管理費用
4	031	工具器具	銷售部	投入	融資租入	年數總和法	投資轉出	營業費用
5	041	運輸工具	信息部	盤盈	經營性租出		無償調出	
6	051	辦公設備	一分公司	捐贈	季節性停用		報廢	
7			二分公司	內部調撥	大修理停用			
8				其他	已提足折舊			
9					報廢			

圖 3-1　基本參數表

3.1.2　定義區域名稱

Excel 名稱管理器用於對已命名的單元格區域進行管理，其中使用名稱的作用在於以更加直觀形象的方法來間接引用單元格或單元格區域。用戶使用名稱管理器時，編輯好名稱後，在使用公式時就可以直接引用該名稱，而不用選擇該名稱對應的數據區域。對於名稱的使用，如同對單元格的引用一樣，只需要輸入對應的單元格區域名稱，即可實現對單元格區域的引用。定義好區域的名稱，對後面的函數應用有很大的幫助，使函數書寫更加方便、快捷。

（1）涉及的函數

①INDIRECT（）：返回由文本字符串指定的引用。此函數立即對引用進行計算，並顯示其內容。當需要更改公式中單元格的引用，而不更改公式本身，可以使用此函數。

②COUNTA（）：返回參數列表中非空的單元格個數。

（2）使用名稱管理器

①單擊「公式」菜單，在其面板上單擊「名稱管理器」，彈出「名稱管理器」對話框，如圖 3-2 所示。

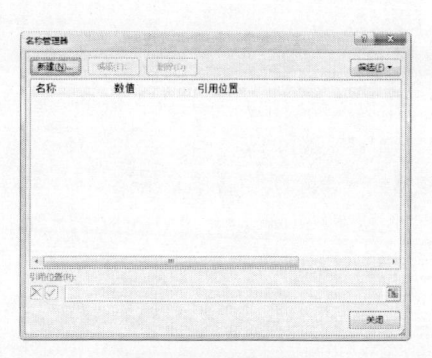

圖 3-2　名稱管理器

②單擊「新建」按鈕，彈出的「新建名稱」對話框，在名稱欄中輸入「類別編號」，

在引用位置欄中輸入「=INDIRECT("基本參數表!a2:a"&3+COUNTA(基本參數表!$A$2:$A$98))」，如圖3-3所示。

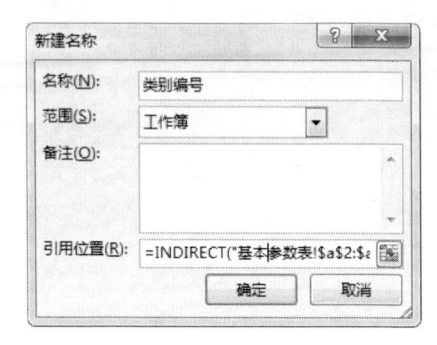

圖3-3 新建「類別編號」名稱

③單擊「確定」按鈕返回，再單擊「新建」按鈕，在「新建名稱」對話框的名稱欄中輸入「類別名稱」，在引用位置欄中輸入「=INDIRECT("基本參數表!b2:b"&3+COUNTA(基本參數表!$B$2:$B$98))」。

④單擊「確定」按鈕返回，再單擊「新建」按鈕，在「新建名稱」對話框的名稱欄中輸入「使用部門」，在引用位置欄中輸入「=INDIRECT("基本參數表!$C$2:C"&3+COUNTA(基本參數表!$C$2:$C$98))」。

⑤單擊「確定」按鈕返回，再單擊「新建」按鈕，在「新建名稱」對話框的名稱欄中輸入「增加方式」，在引用位置欄中輸入「=INDIRECT("基本參數表!$D$2:D"&3+COUNTA(基本參數表!$D$2:$D$98))」。

⑥單擊「確定」按鈕返回，再單擊「新建」按鈕，在「新建名稱」對話框的名稱欄中輸入「使用狀況」，在引用位置欄中輸入「=INDIRECT("基本參數表!$E$2:E"&3+COUNTA(基本參數表!$E$2:$E$98))」。

⑦單擊「確定」按鈕返回，再單擊「新建」按鈕，在「新建名稱」對話框的名稱欄中輸入「折舊方法」，在引用位置欄中輸入「=INDIRECT("基本參數表!$F$2:F"&3+COUNTA(基本參數表!$F$2:$F$98))」。

⑧單擊「確定」按鈕返回，再單擊「新建」按鈕，在「新建名稱」對話框的名稱欄中輸入「減少原因」，在引用位置欄中輸入「=INDIRECT("基本參數表!$G$2:G"&3+COUNTA(基本參數表!$G$2:$G$98))」。

⑨單擊「確定」按鈕返回，再單擊「新建」按鈕，在「新建名稱」對話框的名稱欄中輸入「折舊費用類別」，在引用位置欄中輸入「=INDIRECT("基本參數表!$H$2:H"&3+COUNTA(基本參數表!$H$2:$H$98))」。最終結果如圖3-4所示。

圖 3-4　定義區域名稱

3.2　製作固定資產清單

固定資產清單主要包括資產編號、資產名稱、類別編號、類別名稱、增加方式、折舊方法、已計提月份、本月累計折舊額、本月計提折舊額、本月末帳面淨值、淨殘值、折舊費用類別等相關內容。

【任務描述】

天龍公司是機械製造有限公司，公司為了加強企業固定資產管理，提高管理效率，也為了方便資產數據的管理，要求建立固定資產清單。

【任務目標】

1. 建立固定資產清單表格。
2. 根據企業固定資產的原始資料，填充固定資產清單。

【任務分析】

針對上述任務，根據公司管理制度以及固定資產的核算要求，利用 Excel 的公式與函數，錄入固定資產清單的數據。

【任務實施】

3.2.1　建立固定資產清單

固定資產清單主要包括資產編號、資產名稱、規格型號、類別編號、類別名稱、使用部門、增加方式、使用狀況、可使用年限、開始使用日期、折舊方法、資產原值、已計提月份、本月累計折舊額、本月計提折舊額、本月末帳面淨值、淨殘值、淨殘值率、折舊費用類別等，如圖 3-5 所示。

圖 3-5　固定資產清單

3.2.2　錄入固定資產資料

（1）資產編號、資產名稱、規格型號、可使用日期、開始使用日期、資產原值、淨殘值直接錄入。

（2）類別編號可在 D4 單元格裡面輸入「＝INDEX（類別編號,MATCH（E4,類別名稱,0））」來實現。

（3）類別名稱、使用部門、增加方式、使用狀況、折舊方法、折舊類別借助數據驗證輸入，如圖 3-6 所示。

圖 3-6　數據驗證

（4）已計提月份。在 M4 單元格輸入：＝INT（DAYS360（J4,$C$2）/30）。

（5）本月累計折舊額：在 N4 單元格輸入：＝IF（K4＝"平均年限法",O4＊M4,IF（K4＝"雙倍餘額法",IF（M4<=（I4-2）＊12,VDB（L4,Q4,I4,0,INT（M4/12））+DDB（L4,Q4,I4,INT（M4/12）+1）/12＊MOD（M4,12）,VDB（L4,Q4,I4,0,I4-2）+（L4-VDB（L4,Q4,I4,0,I4-2）-Q4）/2＊（（INT（（M4-（I4-2）＊12）/12））+MOD（M4,12）/12）），IF（K4＝"年數總和法",（L4-Q4）/（I4＊12）/（I4＊12+1）＊M4＊（2＊I4＊12-M4+1）,0）））。

（6）本月計提折舊額。在 O4 單元格輸入：＝IF（K4＝"平均年限法",SLN（L4,Q4,I4）/12,IF（K4＝"雙倍餘額法",IF（INT（M4/12）<=I4-2,DDB（L4,Q4,I4,INT（M4/12）+1）/12,

(L4-VDB(L4,Q4,I4 * 12,0,(I4-2) * 12,2)-Q4)/2/12),IF(K4="年數總和法",SYD(L4,Q4,I4 * 12,M4),"無意義")))。

(7) 本月末帳面淨值。在 P4 單元格輸入：=ROUND(L4-N4-O4,2)。

(8) 殘值率。在 R4 單元格輸入：=Q4/L4。

(9) 效果如圖 3-7 所示。

返回首页

固定资产清单

日期 2018年7月11日

资产编号	资产名称	规格型号	类别编号	类别名称	使用部门	增加方式	使用状况	可使用年限	开始使用日期	折旧方法	资产原值	已计提月份	本月累计折旧额	本月计提折旧额	本月末账面净值	净残值	净残值率	折旧费用类别
011023	办公楼	10万平米	011	房屋	信息部	自建	正常使用	30	2013/5/22	平均年限法	5,000,000.00	61	762,500.00	12,500.00	4,225,000.00	500,000.00	10.00%	管理费用
011016	厂房	100万平米	011	房屋	一分公司	自建	正常使用	30	2011/6/16	平均年限法	16,000,000.00	84	3,360,000.00	40,000.00	12,600,000.00	1,600,000.00	10.00%	制造费用
011019	仓库	60万平米	011	房屋	销售部	自建	正常使用	25	2012/3/18	平均年限法	2,000,000.00	75	450,000.00	6,000.00	1,544,000.00	200,000.00	10.00%	制造费用
041006	货车	20吨	041	运输工具	销售部	购入	正常使用	8	2013/10/8	平均年限法	300,000.00	57	171,000.00	3,000.00	126,000.00	12,000.00	4.00%	营业费用
051055	笔记本电脑	IBM	051	办公设备	信息部	购入	正常使用	6	2015/3/21	双倍余额法	12,000.00	39	8,740.74	98.77	3,160.49	240.00	2.00%	管理费用
051056	笔记本电脑	IBM	051	办公设备	后勤部	购入	正常使用	6	2015/3/21	双倍余额法	12,000.00	39	8,740.74	98.77	3,160.49	240.00	2.00%	管理费用
051066	传真机	松下	051	办公设备	办公室	购入	正常使用	5	2015/2/19	年数总和法	6,000.00	40	5,258.36	68.16	673.48	60.00	1.00%	管理费用
021056	机床	JC-GH65	021	生产设备	二分公司	购入	正常使用	10	2011/10/16	年数总和法	650,000.00	80	553,520.66	3,523.97	92,955.37	26,000.00	4.00%	制造费用
021057	机床	JC-GH68	021	生产设备	二分公司	购入	正常使用	10	2011/10/16	年数总和法	456,000.00	80	388,316.03	2,472.20	65,211.77	18,240.00	4.00%	制造费用
021031	吊车	QH-205	021	生产设备	一分公司	购入	正常使用	12	2009/6/17	平均年限法	1,200,000.00	108	864,000.00	8,000.00	328,000.00	48,000.00	4.00%	制造费用
051077	复印机	佳能	051	办公设备	后勤部	购入	正常使用	5	2014/8/15	双倍余额法	45,000.00	46	39,142.50	324.00	5,533.50	450.00	1.00%	管理费用

圖 3-7　固定資產清單

3.3　製作固定資產卡片

固定資產卡片主要包括卡片編號、固定資產編號、固定資產名稱、類別編號、類別名稱、規格型號、部門名稱、增加方式、存放地點、使用狀況、開始使用日期、原值、淨殘值率、淨殘值、折舊方法、尚可使用月數、已計提累計折舊額、尚可計提折舊額、計提費用類別。

3.3.1　建立固定資產卡片表

固定資產卡片表建立如圖 3-8 所示。

返回首页

固定资产卡片

卡片编号				日期	2018年7月11日
固定资产编号		固定资产名称			
类别编号		类别名称			
规格型号		部门名称			
增加方式		存放地点			
使用状况			开始使用日期		
原值		净残值率	净残值		
折旧方法			尚可使用月数		
已提累计折旧额		尚可计提折旧额	折旧费用类别		

圖 3-8　固定資產卡片

3.3.2 錄入卡片上面的數據

（1）卡片編號：在C2單元格輸入＝"GD_ZC0"&MATCH($C$3,固定資產清單!$A$4:$A$100,0)。

（2）固定資產編號：借助數據驗證。

（3）固定資產名稱：＝INDEX(固定資產清單!B4:B1000,MATCH(C3,固定資產清單!A4:A1000,0))。

（4）類別編號：＝INDEX(固定資產清單!D4:D1000,MATCH(C3,固定資產清單!A4:A1000,0))。

（5）類別名稱：＝INDEX(固定資產清單!E4:E1000,MATCH(C3,固定資產清單!A4:A1000,0))。

（6）規格型號：＝INDEX(固定資產清單!C4:C1000,MATCH(C3,固定資產清單!A4:A1000,0))。

（7）部門名稱：＝INDEX(固定資產清單!F4:F1000,MATCH(C3,固定資產清單!A4:A1000,0))。

（8）增加方式：＝INDEX(固定資產清單!G4:G1000,MATCH(C3,固定資產清單!A4:A1000,0))。

（9）存放地點：＝INDEX(固定資產清單!F4:F1000,MATCH(C3,固定資產清單!A4:A1000,0))。

（10）使用狀況：＝INDEX(固定資產清單!H4:H1000,MATCH(C3,固定資產清單!A4:A1000,0))。

（11）使用年限：＝INDEX(固定資產清單!I4:I1000,MATCH(C3,固定資產清單!A4:A1000,0))。

（12）開始使用日期：＝INDEX(固定資產清單!J4:J1000,MATCH(C3,固定資產清單!A4:A1000,0))。

（13）原值：＝INDEX(固定資產清單!L4:L1000,MATCH(C3,固定資產清單!A4:A1000,0))。

（14）淨殘值率：＝INDEX(固定資產清單!R4:R1000,MATCH(C3,固定資產清單!A4:A1000,0))。

（15）淨殘值：＝C8*E8。

（16）折舊方法：＝INDEX(固定資產清單!K4:K1000,MATCH(C3,固定資產清單!A4:A1000,0))。

（17）已計提月數：＝INDEX(固定資產清單!M4:M1000,MATCH(C3,固定資產清單!A4:A1000,0))。

(18) 尚可使用月數：=E7＊12-E9。

(19) 已提累計折舊額：=INDEX(固定資產清單! N4:N1000,MATCH(C3,固定資產清單! A4:A1000,0))。

(20) 尚可計提折舊額：=C8-C10-G8。

(21) 折舊費用類別：=INDEX(固定資產清單! S4:S1000,MATCH(C3,固定資產清單! A4:A1000,0))。

(22) 效果如圖 3-9 所示。

<<<返回首页

固定资产卡片

卡片编号	GD_ZC03				日期	2018年7月11日
固定资产编号	011019	固定资产名称	吊车			
类别编号	021	类别名称	生产设备			
规格型号	QH-20S	部门名称	一分公司			
增加方式	购入	存放地点	一分公司			
使用状况	正常使用	使用年限	25	开始使用日期	2009年6月17日	
原值	2 000 000.00	净残值率	10%	净残值	200 000.00	
折旧方法	平均年限法	已计提月数	75	尚可使用月数	36	
已提累计折旧额	450 000.00	尚可计提折旧额	288 000.00	折旧费用类别	制造费用	

圖 3-9 固定資產卡片

3.3.3 固定資產折舊明細

(1) 年份：=IF($C$9="","",IF(ROW()-ROW($B$14)<=$E$7,ROW()-ROW($B$14),""))。

(2) 年折舊額：=IF(B15="","",IF($C$9="平均年限法",SLN($C$8,$G$8,$E$7),IF($C$9="雙倍餘額法",IF(B15<=$E$7-2,DDB($C$8,$G$8,$E$7,B15),(INDEX($H$15:$H$201,MATCH($E$7-2,$B$15:$B$201))-$G$8)/2),IF($C$9="年數總和法",SYD($C$8,$G$8,$E$7,B15),)))))。

(3) 年折舊率：=IF(B15="","",ROUND(IF($C$9="平均年限法",(1-$E$8)/$E$7,IF($C$9="雙倍餘額法",2/$E$7,IF($C$9="年數總和法",2＊($E$7-B15)/($E$7＊($E$7+1)),0))),4))。

(4) 月折舊額：=IF(B15="","",ROUND(C15/12,2))。

(5) 月折舊率：=IF(B15="","",ROUND(D15/12,4))。

(6) 累計折舊額：=IF(B15="","",G14+C15)。

(7) 折餘價值：=IF(B15="","",$H$14-G15)。

(8) 效果如圖 3-10 所示。

折舊額計算					
年份	年折舊額	年折舊率	月折舊額	月折舊率	累計折舊額	折余價值
0					—	12 000.00
1	4 000.00	33.33%	333.33	2.78%	4 000.00	8 000.00
2	2 666.67	33.33%	222.22	2.78%	6 666.67	5 333.33
3	1 777.78	33.33%	148.15	2.78%	8 444.44	3 555.56
4	1 185.19	33.33%	98.77	2.78%	9 629.63	2 370.37
5	1 065.19	33.33%	88.77	2.78%	10 694.81	1 305.19
6	1 065.19	33.33%	88.77	2.78%	11 760.00	240.00

圖 3-10　折舊額明細

3.3.4　固定資產卡片信息查詢

在 C3 單元格輸入任意固定資產編號，按 Enter 鍵即可讀取固定資產卡片信息和折舊明細信息，如果輸入的固定資產編號不存在，會提示「您輸入的內容，不符合限制條件」，如圖 3-11 所示。

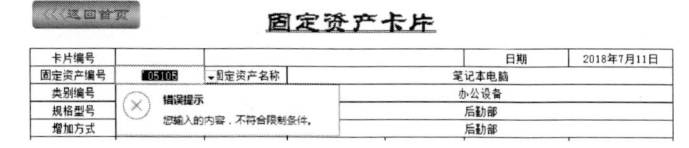

圖 3-11　查詢結果

3.4　固定資產統計分析

利用 Excel 的數據透視表和圖表功能可以實現對資產信息的高效統計和直觀分析，為固定資產管理人員提供相關信息，以完成相關的決策。

【任務描述】

公司為了提高固定資產管理效率，實現對資產信息的匯總分析、結構分析等，要求建立相應模型。

【任務目標】

1. 建立固定資產匯總分析模型。
2. 建立固定資產結構分析模型。
3. 建立折舊費用分配表。

【任務分析】

針對上述任務，根據公司管理制度以及固定資產的核算要求，利用 Excel 的數據透視表和圖表等工具，進行固定資產的統計與分析。

【任務實施】

3.4.1 固定資產匯總分析

在日常的財務工作中，往往需要一份報表，用以提供當月固定資產原值的總額、當月計提折舊的總額及將折舊總額進行分類匯總等。

具體操作步驟如下：

（1）選中固定資產清單中所有數據，在【插入】選項組的「表」中單擊【數據透視表】按鈕。

（2）在彈出的「創建數據透視表」對話框中選擇放置數據表的位置，選中【新工作表】單選按鈕，單擊【確定】按鈕。

（3）在「數據透視表字段列表」任務窗格中，拖動「固定資產名稱」字段到「行標籤」區域，拖動「使用部門」字段到「報表篩選」區域，拖動「資產原值」「本月累計折舊」字段到「數值」區域；修改列標題名稱為資產原值合計和累計折舊額合計，創建完成的數據透視表如圖 3-12 所示。

（4）單擊 B1 單元格中的下三角按鈕，從中可以選擇任一部門（如生產部）單擊【確定】按鈕，則只顯示生產部門的數據透視信息。

（5）修改當前工作表名稱為「固定資產匯總分析」，效果如圖 3-12 所示。

使用部門	（全部）	
資產名稱	資產原值合計	累計折舊額合計
辦公樓	5 000 000	362 500
筆記本電腦	24 000	18 271.60 494
倉庫	2 000 000	258 000
廠房	16 000 000	2 080 000
傳真機	6 000	1 467.147 541
吊車	1 200 000	608 000
復印機	45 000	19 800
貨車	300 000	72 000
機床	1 106 000	677 420.4 298
總計	25 681 000	4 097 459.182

圖 3-12　固定資產匯總分析

3.4.2 固定資產結構分析

企業的固定資產按經濟用途可分為生產用固定資產和非生產用固定資產。其中生產用固定資產是指直接服務於企業生產經營過程中的房屋、建築物、機器和設備等。除生產用固定資產之外的固定資產是非生產用固定資產。固定資產結構分析具體操作步驟如下：

（1）選中固定資產清單中所有數據，在【插入】選項組的「表」中單擊【數據透視表】按鈕。

（2）在彈出的「創建數據透視表」對話框中選擇放置數據表的位置，選中【新工作表】單選按鈕，單擊【確定】按鈕。

（3）在「數據透視表字段列表」任務窗格中，拖動「固定資產名稱」字段到「行標籤」區域，拖動「資產原值」到「數值」區域；修改列標題為資產原值合計。

（4）在資產名稱列，選中所有生產用固定資產右擊選「組合」，在編輯框修改組的名稱為「生產用固定資產」；選中所有非生產用固定資產右擊選「組合」，在編輯框修改組的名稱為「非生產用固定資產」；通過「設計」選項組下面的「分類匯總」顯示出每一組的匯總結果。

（5）點擊「生產用固定資產」前面的減號進行折疊，只顯示生產用固定資產匯總結果，如圖 3-13 所示。

固定资产	资产名称	资产原值合计
生产用固定资产		25 606 000
非生产用固定资产		
	笔记本电脑	24 000
	传真机	6 000
	复印机	45 000
总计		25 681 000

圖 3-13　固定資產結構分析

（6）選中所有固定資產結構分析數據，點擊在【插入】選項組的「圖表」選擇複合餅圖。

（7）在圖表上右擊選擇「設置數據系列格式」，系列分割依據選「位置」，在第二繪圖區中的值選「3」；在圖表上右擊選擇「設置數據標籤格式」，標籤包括勾選：類別名稱、百分比、顯示引導線，標籤位置：最佳匹配。

（8）修改當前工作表名稱為「固定資產結構圖表分析」，效果如圖 3-14 所示。

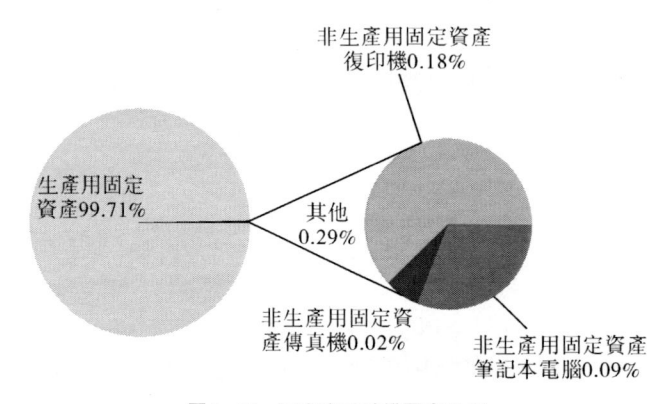

圖 3-14　固定資產結構圖表分析

3.4.3 編製折舊費用分配表

折舊費用分配表編製具體操作步驟如下：

（1）選中固定資產清單中所有數據，在【插入】選項組的「表」中單擊【數據透視表】按鈕。

（2）在彈出的「創建數據透視表」對話框中選擇放置數據表的位置，選中【新工作表】單選按鈕，單擊【確定】按鈕。

（3）在「數據透視表字段列表」任務窗格中，拖動「折舊費用類別」字段到「行標籤」區域，拖動「使用部門」字段到「行標籤」區域，拖動「資產原值」「本月計提折舊額」字段到「數值」區域；修改列標題名稱為資產原值合計和本月計提折舊額合計。

（4）點擊在【分析】選項組的「選項」，打開數據透視表選項窗口，切換到「顯示」，取消「顯示展開/折疊按鈕」。

（5）修改當前工作表名稱為「折舊費用分配表」，效果如圖 3-15 所示。

折旧费用类别	使用部门	资产原值合计	本月计提折旧额合计
管理费用			
	办公室	6 000	68.16 393 443
	后勤部	57 000	422.7 654 321
	信息部	5 012 000	12 598.76 543
营业费用			
	销售部	300 000	3 000
制造费用			
	二分公司	1 106 000	5 996.165 289
	销售部	2 000 000	6 000
	一分公司	17 200 000	48 000
总计		25 681 000	76 085.86 009

圖 3-15 折舊費用分配表

4 Excel 在會計憑證管理中的應用

在傳統的信息化會計核算工作中，會計憑證主要表現為在經濟業務活動過程中產生的紙介質原始單據，經過經辦人員簽字、蓋章後作為正式原始會計憑證。在目前的信息化會計核算工作環境下，會計憑證不再只以紙張作為記錄的載體，用戶還可利用 OFFICE 辦公軟件將之記錄在計算機系統中的磁介質或光介質上，這極大地改變了會計憑證的傳遞和存在方式。

4.1 設置科目及期初餘額

會計科目，是指對會計要素的具體內容進行分類核算的項目。會計要素是對會計對象的基本分類，資產、負債、所有者權益、收入、費用和利潤這六個會計要素也就是會計核算和監督的六個方面。會計科目可以按照不同的標準進行分類：

（1）會計科目按照其所提供信息的詳細程度及其統馭關係不同分類

①總分類科目。總分類科目是對會計要素的具體內容進行總括分類、提供總括信息的會計科目，如「應收帳款」「應付帳款」「原材料」等。

②明細分類科目。明細分類科目是對總分類科目做進一步分類、提供更詳細的會計信息的科目。例如，「應收帳款」科目按債務人名稱或姓名設置明細科目，反應應收帳款的具體對象；「應付帳款」科目按債權人名稱或姓名設置明細科目，反應應付帳款的具體對象；「原材料」科目按材料的類別、品種、規格等設置明細科目，反應各類材料的具體內容。在明細科目下面，還可根據會計核算需要再設置其明細科目，即明細科目的明細科目。總分類與其明細科目之間、明細科目與其明細科目之間，具有上下級的隸屬關係。

（2）會計科目按其所歸屬的會計要素分類

會計科目按其所歸屬的會計要素不同，分為資產類、負債類、所有者權益類、成本類、損益類五大類。

①資產類科目是指用於核算各種資產增減變化，提供資產類項目會計信息的會計科目。

②負債類科目是指用於核算各項負債增減變化，提供負債類項目會計信息的會計

科目。

③所有者權益類科目是指用於核算各項所有者權益增減變化，提供所有者權益有關項目會計信息的會計科目。

④成本類項目是指用於核算成本的發生和歸集，提供成本相關會計信息的會計科目。

⑤損益類科目是指用於核算收入、費用的發生和歸集，提供一定期間損益相關會計信息的會計科目。

在完成了會計科目表的設置以後，以上期期末餘額為基礎，在科目餘額表中填入由上期結轉至本期的金額，或是上期期末餘額調整後的金額。通常，期初餘額是上期帳戶結轉至本期帳戶的餘額，在數額上與相應帳戶的上期期末餘額相等。

【任務描述】

天龍公司是機械製造有限公司，公司為了體現各項會計要素的增減變化，以便為企業內部經營管理提供具體分類核算指標，特制定會計科目表並根據上期期末餘額填入相應科目餘額表中。

【任務目標】

1. 瞭解六大類常用的總分類科目。
2. 瞭解六大類常用的明細分類科目。
3. 掌握會計科目表的使用。
4. 掌握期初餘額表的使用。

【任務分析】

針對上述任務，在不違反會計準則中確認、計量和報告規定的前提下，根據公司的實際情況自行增設、分拆、合併會計科目，制定會計科目表。對於明細科目，企業可以自行設置。會計科目編號供企業填製會計憑證、登記會計帳簿、查閱會計帳冊、採用會計軟件系統參考，企業可結合實際情況自行確定會計科目編號。

【任務分解】

本任務可以分解為以下 3 個子任務。

子任務 1：製作會計科目表。

子任務 2：美化會計科目表。

子任務 3：製作期初餘額表。

【任務實施】

4.1.1　製作會計科目表

4.1.1.1　表格的創建

操作步驟如下：

(1) 打開 Excel2016。

（2）選擇【文件】→【新建】→【空白工作簿】→【創建】，如圖 4-1 所示。

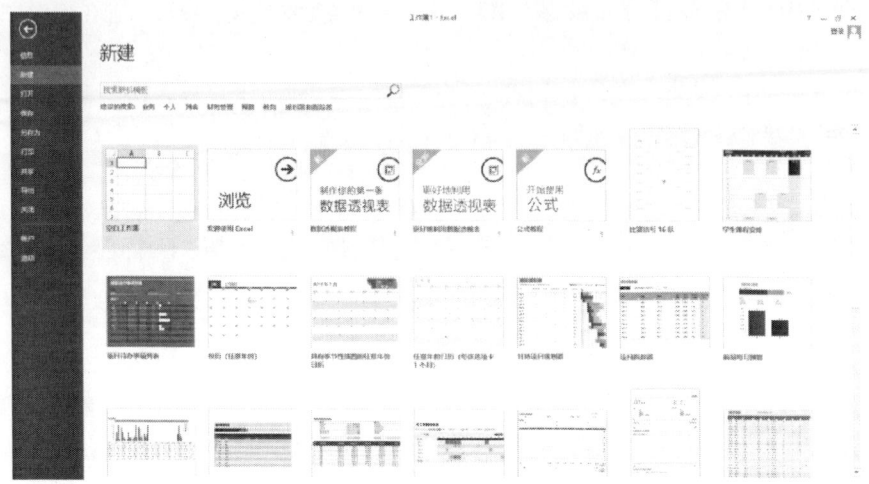

圖 4-1　「新建」對話框

4.1.1.2　表格的命名

操作步驟如下：

（1）打開「Sheet1」。

（2）單擊鼠標右鍵，選擇【重命名】，如圖 4-2 所示。

（3）輸入「會計科目表」，按回車鍵。

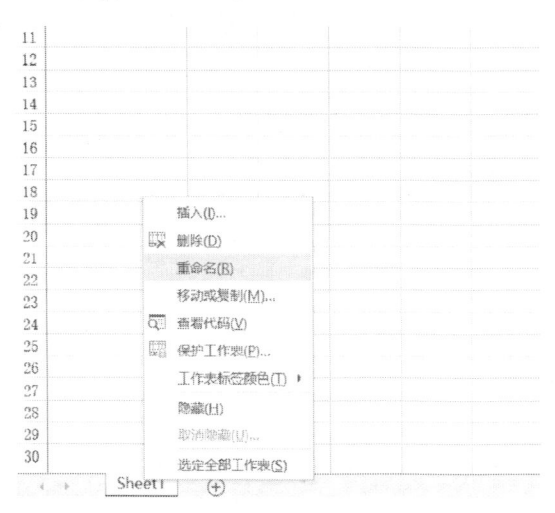

圖 4-2　「重命名」對話框

4.1.1.3 文字和數據的錄入

操作步驟如下：

(1) 選擇「會計科目表」單元格區域 A1：D1。

(2) 點擊【開始】中【合併及居中】工具，如圖 4-3 所示，在合併後的單元格中輸入「會計科目表」。

圖 4-3 「合併及居中」對話框

(3) 對照下面的「會計科目表（表 4-1）」錄入表格其他內容。

表 4-1 會計科目表

順序號	編號	會計科目名稱	會計科目適用範圍說明
		一、資產類	
1	1001	庫存現金	
2	1002	銀行存款	
3	1003	存放中央銀行款項	銀行專用
4	1011	存放同業	銀行專用
5	1015	其他貨幣資金	
6	1021	結算備付金	證券專用
7	1031	存出保證金	金融共用
8	1101	交易性金融資產	
9	1111	買入返售金融資產	金融共用
10	1121	應收票據	
11	1122	應收帳款	
12	1123	預付帳款	

表4-1(續)

順序號	編號	會計科目名稱	會計科目適用範圍說明
13	1131	應收股利	
14	1132	應收利息	
15	1201	應收代位追償款	保險專用
16	1200	應收分保帳款	保險專用
17	1212	應收分保合同準備金	保險專用
18	1221	其他應收款	
19	1231	壞帳準備	
20	1301	貼現資產	銀行專用
21	1302	拆出資金	金融共用
22	1303	貸款	銀行和保險共用
23	1304	貸款損失準備	銀行和保險共用
24	1311	代理兌付證券	銀行和證券共用
25	1321	代理業務資產	
26	1401	材料採購	
27	1402	在途物資	
28	1403	原材料	
29	1404	材料成本差異	
30	1405	庫存商品	
31	1406	發出商品	
32	1407	商品進銷差價	
33	1408	委託加工物資	
34	1411	週轉材料	包裝物、低值易耗品
35	1421	消耗性生物資產	農業專用
36	1431	貴金屬	金融共用
37	1441	抵債資產	金融共用
38	1451	損餘物資	保險專用
39	1461	融資租賃資產	租賃專用
40	1471	存貨跌價準備	
41	1501	持有至到期投資	
42	1502	持有至到期投資減值準備	
43	1503	可供出售金融資產	

表4-1(續)

順序號	編號	會計科目名稱	會計科目適用範圍說明
44	1511	長期股權投資	
45	1512	長期股權投資減值準備	
46	1521	投資性房地產	
47	1531	長期應收款	
48	1532	未實現融資收益	
49	1541	存出資本保證金	保險專用
50	1601	固定資產	
51	1602	累計折舊	
53	1603	固定資產減值準備	
54	1604	在建工程	
55	1605	工程物資	
55	1606	固定資產清理	
56	1611	未擔保餘值	租賃專用
57	1621	生產性生物資產	農業專用
58	1622	生產性生物資產累計折舊	農業專用
59	1623	公益性生物資產	農業專用
60	1631	油氣資產	石油天然氣開採專用
61	1632	累計折耗	石油天然氣開採專用
62	1701	無形資產	
63	1702	累計攤銷	
64	1703	無形資產減值準備	
65	1711	商譽	
66	1801	長期待攤費用	
67	1811	遞延所得稅資產	
68	1821	獨立帳戶資產	保險專用
69	1901	待處理財產損溢	
		二、負債類	
70	2001	短期借款	
71	2002	存入保證金	金融共用
72	2003	拆入資金	金融共用
73	2004	向中央銀行借款	銀行專用

表4-1(續)

順序號	編號	會計科目名稱	會計科目適用範圍說明
74	2011	吸收存款	銀行專用
75	2012	同業存放	銀行專用
76	2021	貼現負債	銀行專用
77	2101	交易性金融負債	
78	2111	賣出回購金融資產款	金融共用
79	2201	應付票據	
80	2202	應付帳款	
81	2205	預收帳款	
82	2211	應付職工薪酬	
83	2221	應交稅費	
84	2231	應付利息	
85	2232	應付股利	
86	2241	其他應付款	
87	2251	應付保單紅利	保險專用
88	2261	應付分保帳款	保險專用
89	2311	代理買賣證券款	證券專用
90	2312	代理承銷證券款	證券和銀行共用
91	2313	代理兌付證券款	證券和銀行共用
92	2314	代理業務負債	
93	2401	遞延收益	
94	2501	長期借款	
95	2502	應付債券	
96	2601	未到期責任準備金	保險專用
97	2602	保險責任準備金	保險專用
98	2611	保戶儲金	保險專用
99	2621	獨立帳戶負債	保險專用
100	2701	長期應付款	
101	2702	未確認融資費用	
102	2711	專項應付款	
103	2801	預計負債	
104	2901	遞延所得稅負債	

表4-1(續)

順序號	編號	會計科目名稱	會計科目適用範圍說明
		三、共同類	
105	3001	清算資金往來	銀行專用
106	3002	外匯買賣	金融共用
107	3101	衍生工具	
108	3201	套期工具	
109	3202	被套期項目	
		四、所有者權益類	
110	4001	實收資本	
111	4002	資本公積	
112	4101	盈餘公積	
113	4102	一般風險準備	金融共用
114	4103	本年利潤	
115	4104	利潤分配	
116	4201	庫存股	
		五、成本類	
117	5001	生產成本	
118	5101	製造費用	
119	5201	勞務成本	
120	5301	研發支出	
121	5401	工程施工	建造承包商專用
122	5402	工程結算	建造承包商專用
123	5403	機械作業	建造承包商專用
		六、損益類	
124	6001	主營業務收入	
125	6011	利息收入	金融共用
126	6021	手續費及佣金收入	金融共用
127	6031	保費收入	保險專用
128	6041	租賃收入	租賃專用
129	6051	其他業務收入	
130	6061	匯兌損益	金融專用
131	6101	公允價值變動損益	

表4-1(續)

順序號	編號	會計科目名稱	會計科目適用範圍說明
132	6111	投資損益	
133	6201	攤回保險責任準備金	保險專用
134	6202	攤回賠付支出	保險專用
135	6203	攤回分保費用	保險專用
136	6301	營業外收入	
137	6401	主營業務成本	
138	6402	其他業務支出	
139	6403	稅金及附加	
140	6411	利息支出	金融共用
141	6421	手續費及佣金支出	金融共用
142	6501	提取未到期責任準備金	保險專用
143	6502	提取保險責任準備金	保險專用
144	6511	賠付支出	保險專用
145	6521	保單紅利支出	保險專用
146	6531	退保金	保險專用
147	6541	分出保費	保險專用
148	6542	分保費用	保險專用
149	6601	銷售費用	
150	6602	管理費用	
151	6603	財務費用	
152	6604	勘探費用	石油天然氣開採專用
153	6701	資產減值損失	
154	6711	營業外支出	
155	6801	所得稅費用	
156	6901	以前年度損益調整	

4.1.2 美化會計科目表

4.1.2.1 調整行高

操作步驟如下：

(1) 選擇需要調整行號的行，點擊【開始】中的【格式】工具。

(2) 選擇【行高】命令，如圖 4-4 所示，彈出對話框，如圖 4-5 所示。

(3) 輸入需要的行高值，單擊【確定】按鈕即可。

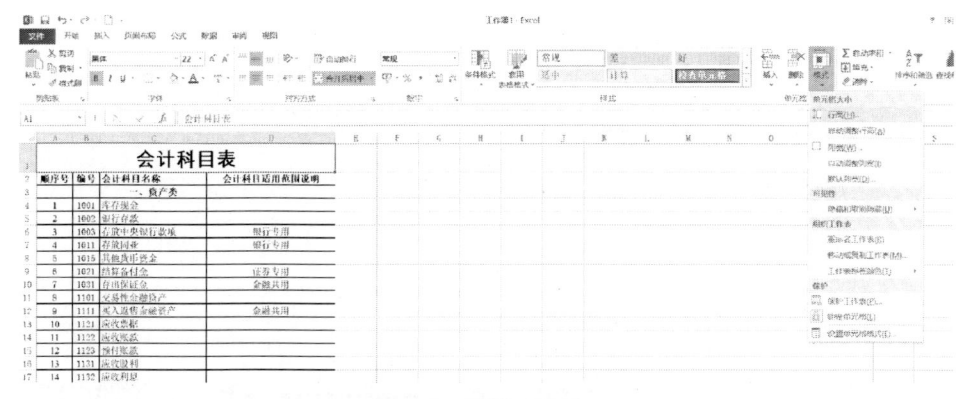

圖 4-4 「格式」對話框

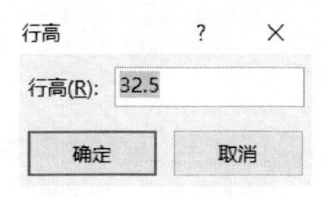

圖 4-5 「行高」對話框

4.1.2.2 調整列寬

操作步驟如下：

(1) 選擇需要調整行號的行，點擊【開始】中的【格式】工具。

(2) 選擇【列寬】命令，彈出對話框。

(3) 輸入需要的行高值，單擊【確定】按鈕即可。

4.1.2.3 調整字體格式

操作步驟如下：

(1) 選中單元格 A1，將標題字體改為黑體，字號改為 22、加粗，如圖 4-6 所示。

(2) 將其他文字字體改為黑體，字號改為 12。

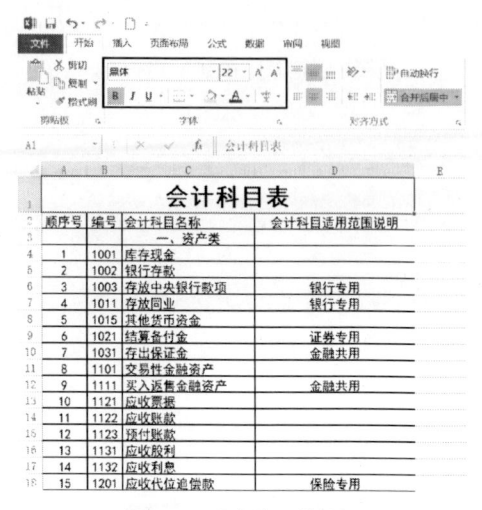

圖 4-6　「字體」對話框

4.1.2.4　添加邊框

操作步驟如下：

(1) 選擇單元格區域 A2：D168。

(2)【右鍵】→【設置單元格格式】→【邊框】。

(3) 選擇【內部】和【上、下邊框】即可，如圖 4-7 所示。

圖 4-7　「邊框」對話框

4.1.3 製作期初餘額表

在「表 4-1 會計科目表」的同一個工作簿中新建一個工作表，參照表 4-2 製作期初餘額表，要求表格合理美觀。

表 4-2　期初餘額表

2019 年 1 月

科目代碼	會計科目名稱	期初餘額	
		借方	貸方
1001	庫存現金		
1002	銀行存款		
1003	存放中央銀行款項		
1011	存放同業		
1015	其他貨幣資金		
1021	結算備付金		
1031	存出保證金		
1101	交易性金融資產		
1111	買入返售金融資產		
1121	應收票據		
1122	應收帳款		
1123	預付帳款		
1131	應收股利		
1132	應收利息		
1201	應收代位追償款		
1200	應收分保帳款		
1212	應收分保合同準備金		
1221	其他應收款		
1231	壞帳準備		
1301	貼現資產		
1302	拆出資金		
1303	貸款		
1304	貸款損失準備		

表4-2(續)

科目代碼	會計科目名稱	期初餘額	
		借方	貸方
1311	代理兌付證券		
1321	代理業務資產		
1401	材料採購		
1402	在途物資		
1403	原材料		
1404	材料成本差異		
1405	庫存商品		
1406	發出商品		
1407	商品進銷差價		
1408	委託加工物資		
1411	週轉材料		
1421	消耗性生物資產		
1431	貴金屬		
1441	抵債資產		
1451	損餘物資		
1461	融資租賃資產		
1471	存貨跌價準備		
1501	持有至到期投資		
1502	持有至到期投資減值準備		
1503	可供出售金融資產		
1511	長期股權投資		
1512	長期股權投資減值準備		
1521	投資性房地產		
1531	長期應收款		
1532	未實現融資收益		
1541	存出資本保證金		
1601	固定資產		
1602	累計折舊		

表4-2(續)

科目代碼	會計科目名稱	期初餘額	
		借方	貸方
1603	固定資產減值準備		
1604	在建工程		
1605	工程物資		
1606	固定資產清理		
1611	未擔保餘值		
1621	生產性生物資產		
1622	生產性生物資產累計折舊		
1623	公益性生物資產		
1631	油氣資產		
1632	累計折耗		
1701	無形資產		
1702	累計攤銷		
1703	無形資產減值準備		
1711	商譽		
1801	長期待攤費用		
1811	遞延所得稅資產		
1821	獨立帳戶資產		
1901	待處理財產損溢		
2001	短期借款		
2002	存入保證金		
2003	拆入資金		
2004	向中央銀行借款		
2011	吸收存款		
2012	同業存放		
2021	貼現負債		
2101	交易性金融負債		
2111	賣出回購金融資產款		
2201	應付票據		

表4-2(續)

科目代碼	會計科目名稱	期初餘額	
		借方	貸方
2202	應付帳款		
2205	預收帳款		
2211	應付職工薪酬		
2221	應交稅費		
2231	應付利息		
2232	應付股利		
2241	其他應付款		
2251	應付保單紅利		
2261	應付分保帳款		
2311	代理買賣證券款		
2312	代理承銷證券款		
2313	代理兌付證券款		
2314	代理業務負債		
2401	遞延收益		
2501	長期借款		
2502	應付債券		
2601	未到期責任準備金		
2602	保險責任準備金		
2611	保戶儲金		
2621	獨立帳戶負債		
2701	長期應付款		
2702	未確認融資費用		
2711	專項應付款		
2801	預計負債		
2901	遞延所得稅負債		
3001	清算資金往來		
3002	外匯買賣		
3101	衍生工具		

表4-2(續)

科目代碼	會計科目名稱	期初餘額	
		借方	貸方
3201	套期工具		
3202	被套期項目		
4001	實收資本		
4002	資本公積		
4101	盈餘公積		
4102	一般風險準備		
4103	本年利潤		
4104	利潤分配		
4201	庫存股		
5001	生產成本		
5101	製造費用		
5201	勞務成本		
5301	研發支出		
5401	工程施工		
5402	工程結算		
5403	機械作業		
6001	主營業務收入		
6011	利息收入		
6021	手續費及佣金收入		
6031	保費收入		
6041	租賃收入		
6051	其他業務收入		
6061	匯兌損益		
6101	公允價值變動損益		
6111	投資損益		
6201	攤回保險責任準備金		
6202	攤回賠付支出		
6203	攤回分保費用		

表4-2(續)

科目代碼	會計科目名稱	期初餘額 借方	期初餘額 貸方
6301	營業外收入		
6401	主營業務成本		
6402	其他業務支出		
6403	稅金及附加		
6411	利息支出		
6421	手續費及佣金支出		
6501	提取未到期責任準備金		
6502	提取保險責任準備金		
6511	賠付支出		
6521	保單紅利支出		
6531	退保金		
6541	分出保費		
6542	分保費用		
6601	銷售費用		
6602	管理費用		
6603	財務費用		
6604	勘探費用		
6701	資產減值損失		
6711	營業外支出		
6801	所得稅費用		
6901	以前年度損益調整		

4.2 製作專用憑證

　　會計憑證是記錄經濟業務、明確經濟責任、按一定格式編製的據以登記會計帳簿的書面證明。會計憑證記錄經濟業務的合法性與合理性，保證了會計記錄的真實性。

　　會計憑證按其編製程序和用途的不同，分為原始憑證和記帳憑證。前者又稱單據，是

在經濟業務最初發生之時填製的原始書面證明,如銷貨發票、款項收據等。後者又稱記帳憑單,是以審核無誤的原始憑證為依據,按照經濟業務的事項內容加以歸類,並據以確定會計分錄後所填製的會計憑證。

本節討論的是記帳憑證,它是登記帳簿的直接依據,常用的記帳憑證有收款憑證、付款憑證、轉帳憑證等。記帳憑證按其反應的經濟業務內容的不同,可以分為收款憑證、付款憑證和轉帳憑證。

(1) 收款憑證

收款憑證是用以記錄現金、銀行存款收入業務的記帳憑證。其具體可以分為現金收款憑證、銀行存款收款憑證。在實際工作中,收款憑證一般是由出納人員根據有關人員審核批准後的收款單據編製而成的。

(2) 付款憑證

付款憑證是用以記錄現金、銀行存款支付業務的記帳憑證。其具體可以分為現金付款憑證、銀行存款付款憑證。在實際工作中,它是由出納人員根據有關人員審核批准後的付款單據編製而成的。

(3) 轉帳憑證

轉帳憑證是用以記錄不涉及現金、銀行存款收付的其他經濟業務,即轉帳業務。它是根據有關轉帳業務的原始憑證編製而成的。

【任務描述】

天龍公司是機械製造有限公司,公司為了紀錄經濟業務的發生和完成情況,為會計核算提供原始依據,以檢查經濟業務的真實性、合法性和合理性,按照一定的格式編製多種會計憑證。

【任務目標】

1. 掌握記帳憑證的使用。
2. 掌握收款憑證的使用。
3. 掌握付款憑證的使用。
4. 掌握轉帳憑證的使用。

【任務分析】

針對上述任務,公司會計人員應該根據憑證記錄原則如實並且及時地紀錄發生的經濟業務,填製和審核會計憑證,提供會計信息,發揮會計監督的作用。

【任務分解】

本任務可以分解為以下4個子任務。

子任務1:製作記帳憑證。

子任務2:製作收款憑證。

子任務3:製作付款憑證。

子任務 4：製作轉帳憑證。

【任務實施】

4.2.1　製作記帳憑證

在「表 4-1 會計科目表」的同一個工作簿中新建一個工作表，命名為「記帳憑證」，參照表 4-3 製作記帳憑證，要求表格合理美觀。

表 4-3　記帳憑證

記账凭证

摘要	总账科目	明细科目	借方 千百十万千百十元角分	记账符号	贷方 千百十万千百十元角分	记账符号	结算方式填写处
提现	库存现金		80000				现金
提现	银行存款	工商银行			80000		转账支票
							银行汇款
							商业汇票
							银行本票
结算方式及票号：		合计金额	¥80000		¥80000		

会计主管：　　记账：　　档核：　　出纳：　　制单：

4.2.2　製作收款憑證

在「表 4-1 會計科目表」的同一個工作簿中新建一個工作表，命名為「收款憑證」，參照表 4-4 製作收款憑證，要求表格合理美觀。

表 4-4　收款憑證

收款凭证

借方科目：　　　　　年　月　日　　　　　字第　号

摘要	贷方科目		金额	记账
	总账科目	明细科目	亿千百十万千百十元角分	

会计主管　　记账　　出纳　　审核　　制证

4.2.3 製作付款憑證

在「表4-1 會計科目表」的同一個工作簿中新建一個工作表，命名為「付款憑證」，參照表4-5製作付款憑證，要求表格合理美觀。

表4-5 付款憑證

付款凭证

貸方科目：		年 月 日											字第 號	
摘要		借方科目		金額										記賬
		總賬科目	明細科目	億	千	百	十	萬	千	百	十	元	角	分

會計主管　　　記賬　　　出納　　　審核　　　制證

4.2.4 製作轉帳憑證

在「表4-1 會計科目表」的同一個工作簿中新建一個工作表，命名為「轉帳憑證」，參照表4-6製作轉帳憑證，要求表格合理美觀。

表4-6 轉帳憑證

转账凭证

年 月 日　　　　　　　　　　　　　　　　　　　　　轉字第 號

摘要	總賬科目	明細科目	記賬	借方金額							貸方金額						
				十	萬	千	百	十	元	角	分	十	萬	千	百	十	元	角	分
金額合計（大寫）																	

主管：　　　記賬：　　　審核：　　　出納：　　　制單：

4.3 製作科目匯總表

科目匯總表，是企業定期對全部記帳憑證進行匯總後，按照不同的會計科目分別列示各帳戶借方發生額和貸方發生額的一種匯總憑證。

科目匯總表的編製方法是根據一定時期內的全部記帳憑證，按照會計科目進行歸類，定期匯總出每一個帳戶的借方本期發生額和貸方本期發生額，填寫在科目匯總表的相關欄內。科目匯總表可每月編製一張，按旬匯總，也可每旬匯總編製一次。任何格式的科目匯總表，都只反應各個帳戶的借方本期發生額和貸方本期發生額，不反應各個帳戶之間的對應關係。科目匯總表的編製時間可以是五天、十天、十五天、一個月，具體情況視單位的業務量而定。

編製科目匯總表的意義有：
（1）起到試算平衡的作用，保證總分類帳登記的正確。
（2）反應各科目的借、貸方發生額。
（3）可以大大減輕登記總帳的工作量。

【任務描述】

天龍公司是機械製造有限公司，公司根據日常發生的經濟業務編製了各種記帳憑證，接著將所有記帳憑證匯總編製成科目匯總表，從而顯示一個會計期間的整個財務狀況和經營成果，為後續登記總分類帳提供依據。

【任務目標】
1. 瞭解科目匯總表的財務處理程序。
2. 掌握科目匯總表的使用。

【任務分析】

針對上述任務，公司會計人員應該根據一定時期內所有的記帳憑證定期加以匯總而重新編製記帳憑證。將匯總期內各項交易或事項所涉及的總帳科目填列在科目匯總表的「會計科目」欄內，然後根據匯總期內所有記帳憑證，按會計科目分別加計其借方發生額和貸方發生額，並將其匯總金額填在相應會計科目的「借方」和「貸方」欄內。

【任務分解】

本任務可以分解為以下 2 個子任務。
子任務 1：科目匯總表的財務處理程序。
子任務 2：製作科目匯總表。

【任務實施】

4.3.1　科目匯總表的處理程序

科目匯總表帳務處理程序的一般步驟是：
（1）根據原始憑證填製匯總原始憑證。
（2）根據原始憑證或匯總原始憑證填製記帳憑證。
（3）根據收款憑證、付款憑證逐筆登記庫存現金日記帳和銀行存款日記帳。
（4）根據原始憑證、匯總原始憑證和記帳憑證，登記各種明細分類帳。
（5）根據各種記帳憑證編製科目匯總表。
（6）根據科目匯總表登記總分類帳。
（7）期末，將庫存現金日記帳、銀行存款日記帳和明細分類帳的餘額同有關總分類帳的餘額核對是否相符。
（8）期末，根據總分類帳和明細分類帳的記錄，編製財務報表。具體處理程序如圖4-8所示。

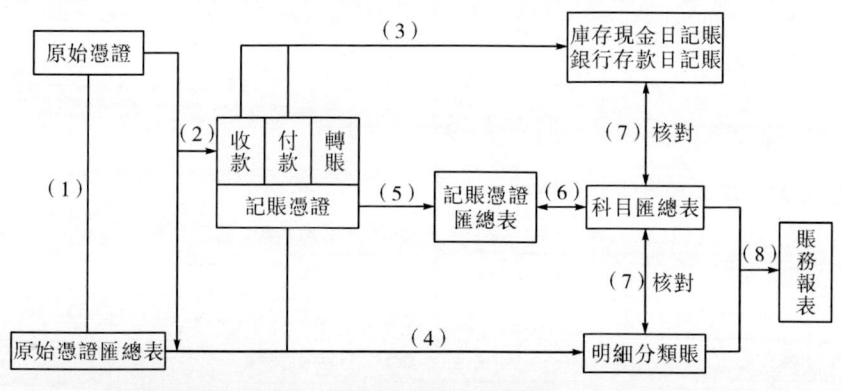

圖4-8　科目匯總表財務處理程序

4.3.2　製作科目匯總表

在「表4-1 會計科目表」的同一個工作簿中新建一個工作表，命名為「科目匯總表」，參照表4-7製作科目匯總表，要求表格合理美觀。

表 4-7　科目匯總表

年　月　日至　年　月　日

本月編號：　　號
記帳憑證：　　張

一、資產類		借方發生額	貸方發生額	二、負債類		借方發生額	貸方發生額
編號	會計科目名稱			編號	會計科目名稱		
1001	庫存現金	—	—	2001	短期借款	—	—
1002	銀行存款			2101	交易性金融負債	—	—
1015	其他貨幣基金	—	—	2201	應付票據		
1101	交易性金融資產			2202	應付帳款		
1121	應收票據	—	—	2205	預收帳款		
1122	應收帳款			2211	應付職工薪酬		
1123	預付帳款			2221	應交稅費		
1131	應收股利			2231	應付股利		
1132	應收利息			2232	應付利息		
1231	其他應收款			2241	其他應付款		
1241	壞帳準備			2401	預提費用		
1401	材料採購			2601	長期借款		
1402	在途物資			2602	長期債券		
1403	原材料			2801	長期應付款		
1404	材料成本差異			2802	未確認融資費用		
1406	庫存商品			2811	專項應付款		
1407	發出商品			2901	遞延所得稅負債		
1410	商品進銷差價			三、所有者權益類			
1411	委託加工物資			4001	實收資本		
1412	包裝物及低值易耗品	—	—	4002	資本公積	—	—
1461	存貨跌價準備			4101	盈餘公積	—	—
1501	待攤費用			4103	本年利潤		
1523	可供出售金融資產	—	—	4104	利潤分配		
1524	長期股權投資	—	—	四、成本類			

表4-7(續)

	一、資產類	借方發生額	貸方發生額		二、負債類	借方發生額	貸方發生額
1525	長期股權投資減值準備	—	—	5001	生產成本	—	—
1526	投資性房地產	—	—	5101	製造費用	—	—
1531	長期應收款	—	—		五、損益類		
1541	未實現融資收益	—	—	6001	主營業務收入	—	—
1601	固定資產	—	—	6051	其他業務收入	—	—
1602	累計折舊	—	—	6111	投資收益	—	—
1603	固定資產減值準備	—	—	6301	營業外收入	—	—
1604	在建工程	—	—	6401	主營業務成本	—	—
1605	工程物資	—	—	6402	其他業務支出	—	—
1606	固定資產清理	—	—	6403	稅金及附加	—	—
1701	無形資產	—	—	6601	銷售費用	—	—
1702	累計攤銷	—	—	6602	管理費用	—	—
1703	無形資產減值準備	—	—	6603	財務費用	—	—
1711	商譽	—	—	6701	資產減值損失	—	—
1801	長期待攤費用	—	—	6711	營業外支出	—	—
1811	遞延所得稅資產	—	—	6801	所得稅	—	—
1901	待處理財產損益	—	—	6901	以前年度損益調整	—	—
本期發生額合計		—	—	本期發生額合計		—	—
本期發生額淨額			—	本期發生額淨額			—

負責人： 製表：

📖 **能力拓展**

【任務描述】
　　天龍公司是機械製造有限公司，公司編製記帳憑證的會計人員必須仔細檢查憑證的準確性，同時會計部門應建立相互復核或專人復核記帳憑證的制度，對記帳憑證進行審核。

【任務目標】
1. 瞭解記帳憑證審核的主要內容。
2. 掌握憑證審核的操作步驟。

【任務分析】

手工條件下，記帳憑證是登記帳簿的依據，為保證帳簿登記的正確性，記帳憑證填製完畢後必須對其進行審核。審核時要關注憑證的內容是否真實、項目是否齊全、科目是否正確、金額是否正確、書寫是否正確等幾個方面。在計算機條件下，用戶可以利用 Excel 提供的功能，自動實現對憑證「有借必有貸，借貸必相等」這一原則的審核。

【任務分解】

本任務可以分解為以下 2 個子任務。

子任務 1：記帳憑證審核的主要內容。

子任務 2：憑證審核的操作步驟。

【任務實施】

能力拓展 1　記帳憑證審核的主要內容

（1）審核是否按已審核無誤的原始憑證填製記帳憑證。記錄的內容與所附原始憑證是否一致，金額是否相等；所附原始憑證的張數是否與記帳憑證所列附件張數相符。

（2）審核記帳憑證所列會計科目（一級科目、明細科目）、應借、應貸方向和金額是否正確；借貸雙方的金額是否平衡；明細科目金額之和與相應的總帳科目的金額是否相等。

（3）審核記帳憑證摘要是否填寫清楚，日期、憑證編號、附件張數以及有關人員簽章等各個項目填寫是否齊全。若發現記帳憑證的填製有差錯或者填列不完整、簽章不齊全，應查明原因，責令更正、補充或重填。只有經濟審核無誤的記帳憑證，才能據以登記帳簿。

所有填製好的記帳憑證，都必須經過其他會計人員認真審核。在審核記帳憑證的過程中，如發現記帳憑證填製有誤，應當按照規定的方法及時加以更正。只有經過審核無誤後的記帳憑證，才能作為登記帳簿的依據。記帳憑證的審核主要包括以下內容：

①記帳憑證是否附有原始憑證，記帳憑證的經濟內容是否與所附原始憑證的內容相同。

②應借應貸的會計科目（二級或明細科目）對應關係是否清晰、金額是否正確。

③記帳憑證中的項目是否填製完整，摘要是否清楚，有關人員的簽章是否齊全。

能力拓展 2　憑證審核的操作步驟

（1）在「表 4-3 記帳憑證」的同一個工作簿中新建一個工作表，命名為「記帳憑證平衡檢驗表」。

（2）設置借方合計和貸方合計的公式。

（3）設置借貸差額的公式。

（4）設置顯示是否平衡的公式。如果「借貸差額=0」，則顯示「平衡」；反之則顯示「不平衡」。審核後的結果如表4-8所示。

表4-8　記帳憑證平衡檢驗表

記帳憑證平衡檢驗表	
借方合計	貸方合計
借貸差額	
是否平衡	

5 Excel 在帳簿管理中的應用

會計帳簿是全面記錄和反應一個單位經濟業務,把大量分散的數據或資料進行歸類整理,逐步加工成有用的會計信息的簿籍,會計帳簿是編製會計報表的重要依據。會計帳簿是由具有一定格式、相互連接的帳頁組成的,帳頁一旦標上會計科目,它就成為用來記錄和反應該科目規定核算內容的帳戶。

通過設置和登記會計帳簿,可以達到以下作用:
(1) 能夠把大量的、分散的會計核算資料系統化,為加強經濟核算提供資料。
(2) 可以為正確計算成本、核算經營成果和分配收益等提供必要的會計核算資料。
(3) 利用會計帳簿提供的核算資料,既可以為編製會計報表提供主要的依據,也可以為會計分析和會計檢查提供必要的依據。
(4) 既有利於會計核算資料的保存和利用,也有利於會計核算工作的分工。

5.1 製作日記帳

日記帳又稱序時帳,是按經濟業務發生和完成的時間的先後順序進行登記的帳簿。它逐日按照記帳憑證(或記帳憑證所附的原始憑證)逐筆進行登記。日記帳的主要作用是按照時間的先後順序記錄經濟業務,以保持會計資料的完整性和連續性。日記帳在不同的會計核算組織形式下,其其體用途是不同的。

進行日記帳的設置工作,首先要確定其種類和數量。如果日記帳用作過帳媒介(如通用日記帳、日記總帳核算組織形式),則要求設置一個嚴密完整的序時帳簿體系,包括單位的所有經濟業務;如果日記帳不用作過帳媒介,則不必考慮其體系的完整性,只需設置某些特種日記帳即可。通常設置的特種日記帳主要包括現金日記帳和銀行存款日記帳。

現金日記帳是專門記錄現金收付業務的特種日記帳,一般由出納人員負責填寫。現金日記帳既可用作明細帳,也可用於過帳媒介。在日記帳用作過帳媒介時,必須設置普通日記帳,用以記錄全部轉帳業務,逐日逐筆進行登記。普通日記帳可以採用帳戶兩欄式,也可採用金額雙欄式。

銀行存款日記帳是用來記錄銀行存款收付業務的特種日記帳。其設計方法與現金日記

帳基本相同，但須將帳簿名稱分別改為「銀行存款收入日記帳」「銀行存款付出日記帳」和「銀行存款日記帳」，並將前兩種帳頁左上角的科目名稱改為「銀行存款」。而且一般應相應增加每筆存款收支業務所採用的結算方式一欄，以便分類提供數據和據以進行查對、匯總。一般單位也只設置三欄式的銀行存款日記帳。

企業必須設置「現金日記帳」，按照現金業務發生的先後順序逐筆序時登記。每日終了，應根據登記的「現金日記帳」結餘數與實際庫存數進行核對，做到帳實相符。月份終了，「現金日記帳」的餘額必須與「庫存現金」總帳科目的餘額核對相符。有外幣現金收支業務的企業，應當按照人民幣現金、外幣現金的幣種設置現金帳戶進行明細核算。

企業應當設置「銀行存款日記帳」，按照銀行存款收付業務發生的先後順序逐筆序時登記，每日終了應結出餘額。「銀行存款日記帳」應定期與「銀行對帳單」核對，至少每月核對一次。企業帳面結餘與銀行對帳單餘額之間如有差額，必須逐筆查明原因，並按月編製「銀行存款餘額調節表」調節相符。月份終了，「銀行存款日記帳」的餘額必須與「銀行存款」總帳科目的餘額核對相符。

【任務描述】

天龍公司是機械製造有限公司，公司由出納人員根據審核後的收、付款憑證逐日逐筆登記現金和銀行存款的收入日記帳和支出日記帳，每日應將支出日記帳中當日支出合計數，轉記入收入日記帳中支出合計欄中，以結算當日帳面結餘額。會計人員應對多欄式現金和銀行存款日記帳的記錄加強檢查監督，並根據月末多欄式現金和銀行存款日記帳各專欄的合計數，分別登記總帳有關帳戶。

【任務目標】

1. 瞭解現金日記帳的功能。
2. 掌握現金日記帳的使用。
3. 瞭解銀行存款日記帳的登記方法。
4. 掌握銀行存款日記帳的使用。

【任務分析】

針對上述任務，公司的會計人員依據會計憑證登記「現金日記帳」和「銀行存款日記帳」，凡是與現金和銀行存款相關的收入或支出記帳，其他的不記帳。經濟業務發生時，應按先後順序逐日記入普通日記帳，再根據日記帳過入分類帳，然後在「過帳」欄內註明「√」符號，表示已經過帳。這樣就可使記帳的錯誤和遺漏減到最少限度，並便於事後根據業務發生的時間次序進行查帳。

【任務分解】

本任務可以分解為以下 4 個子任務。

子任務 1：現金日記帳功能。

子任務 2：製作現金日記帳。

子任務 3：銀行存款日記帳登記方法。
子任務 4：製作銀行存款日記帳。
【任務實施】

5.1.1 現金日記帳功能

對帳，就是對帳簿記錄的內容進行核對，使帳證、帳帳和帳實相符的過程。現金日記帳的帳證核對，主要是指現金日記帳的記錄與有關的收、付款憑證進行核對；帳帳核對，則是指將現金日記帳與現金總分類帳的期末餘額進行核對；帳實核對，則是指將現金日記帳的餘額與實際庫存數額的核對。

（1）收付款核對

收付款憑證是登記現金日記帳的依據，帳目和憑證應該是完全一致的。但是，在記帳過程中，由於工作粗心等原因，往往會發生重記、漏記、記錯方向或記錯數字等情況。帳證核對要按照業務發生的先後順序一筆一筆地進行。檢查的項目主要有：核對憑證編號；復查記帳憑證與原始憑證，看兩者是否完全相符；查對帳證金額與方向的一致性。如發現差錯，要立即按規定方法更正，確保帳證完全一致。

（2）總分類核對

現金日記帳是根據收付款憑證逐筆登記的，現金總分類帳是根據收、付款憑證匯總登記的，記帳的依據是相同的，記錄的結果應該完全一致。但是，由於兩種帳簿是由不同人員分別記帳，而且總帳一般是匯總登記，因此在匯總和登記過程中，都有可能發生差錯；日記帳是一筆一筆地記的，記錄的次數很多，也難免會發生差錯。因此，出納應定期出具「出納報告單」，與總帳會計進行核對。平時要經常核對兩帳的餘額，每月終了結帳後，總分類帳各個科目的借方發生額、貸方發生額和餘額都已試算平衡。會計人員一定要將總分類帳中現金當月借方發生額、貸方發生額以及月末餘額分別同現金日記帳的當月收入（借方）合計數、當月支出（貸方）合計數和餘額相互核對，查看帳帳之間是否完全相符。如果不符，先應查出差錯出在哪一方，如果借方發生額出現差錯，應查找現金收款憑證、銀行存款付款憑證（提取現金業務）和現金收入一方的帳目；反之則應查找現金付款憑證和現金付出一方的帳目。找出錯誤後應立即按規定的方法加以更正，做到帳帳相符。

（3）庫存現金核對

出納人員在每日業務終了以後，應自行清查帳款是否相符。首先結出當天現金日記帳的帳面餘額，再盤點庫存現金的實有數，看兩者是否完全相符。在實際工作中，凡是有當天來不及登記的現金收付款憑證的，均應按「庫存現金實有數+未記帳的收款憑證金額−未記帳的付款憑證金額＝現金日記帳帳存餘額」的公式進行核對。反覆核對仍不相符的，即說明當日記帳或實際現金收、付有誤。在這種情況下，出納人員一方面應向會計負責人報告，另一方面應對當天辦理的收、付款業務逐筆回憶，爭取盡快找出差錯的原因。

5.1.2 製作現金日記帳

新建一個工作表，命名為「現金日記帳」，參照表5-1製作現金日記帳，要求工作表合理美觀。

表5-1　現金日記帳

現　金　日　記　賬

月 日	憑證 字號	對方科目	摘要	收入 十億千百十萬千百十元角分	√	支出 十億千百十萬千百十元角分	√	餘額 十億千百十萬千百十元角分	√

5.1.3 銀行存款日記帳登記方法

銀行存款日記帳是專門用來記錄銀行存款收支業務的一種特種日記帳。財務人員在每日業務終了時，應計算、登記當日的銀行存款收入合計數、銀行存款支出合計數以及帳面結餘額，以便檢查監督各項收入和支出款項，避免坐支現金現象的出現，並便於定期同銀行送來的對帳單核對。

銀行存款日記帳也是各單位重要的經濟檔案之一，在啟用帳簿時，也應按相關規定和要求填寫「帳簿啟用表」，具體內容和要求可參照現金日記帳的啟用。銀行存款日記帳通常也是由出納員根據審核後的有關銀行存款收付款憑證，逐日逐筆順序登記的。登記銀行存款日記帳的總要求是：銀行存款日記帳由出納人員專門負責登記，登記時必須做到反應經濟業務的內容完整，登記帳目及時，憑證齊全，帳證相符，數字真實、準確，書寫工整，摘要清楚明了，便於查閱，不重記，不漏記，不錯記，按期結算，不拖延積壓，按規定方法更正錯帳，從而使帳目既能明確經濟責任，又清晰美觀。具體要求有以下幾點：

（1）根據復核無誤的銀行存款收付款記帳憑證登記帳簿。
（2）所記載的經濟業務內容必須同記帳憑證相一致，不得隨便增減。
（3）要按經濟業務發生的順序逐筆登記帳簿。

(4) 必須連續登記，不得跳行、隔頁，不得隨便更換帳頁。
(5) 文字和數字必須準確無誤。
(6) 每一帳頁記完後，必須按規定轉頁，操作方法與現金日記帳轉頁方式相同。
(7) 每月月末必須按規定結帳。

5.1.4 製作銀行存款日記帳

新建一個工作表，命名為「銀行存款日記帳」，參照表 5-2 製作銀行存款日記帳，要求工作表合理美觀。

表 5-2　銀行存款日記帳

5.2　製作總分類帳試算平衡表

試算平衡原理是指在借貸記帳法中，根據「有借必有貸，借貸必相等」的記帳規律，每筆交易或者事項的借方必然等於貸方，所以本期所有交易或者事項的借方合計與貸方合計也必然相等。同時，由於每個帳戶的餘額都是根據一定期間該帳戶累計的發生額計算求得，因此，所有帳戶的借方期末餘額合計數與所有帳戶的貸方期末餘額合計數必然相等。

總分類帳試算平衡表是指某一時點上的各種帳戶及其餘額的列表。各個帳戶的餘額都會反應在試算平衡表相應的借方或貸方欄中。試算平衡表是定期地加計分類帳各帳戶的借貸方發生及餘額的合計數，用以檢查借貸方是否平衡（帳戶記錄有無錯誤）的一種表

達式。

在借貸記帳法下，其內容包括以下幾點：
（1）檢查每次會計分錄的借貸金額是否平衡。
（2）檢查總分類帳戶的借貸發生額是否平衡。
（3）檢查總分類帳戶的借貸餘額是否平衡。

涉及的基本公式包括：
（1）全部帳戶的借方期初餘額合計數等於全部帳戶的貸方期初餘額合計數。
（2）全部帳戶的借方發生額合計等於全部帳戶的貸方發生額合計。
（3）全部帳戶的借方期末餘額合計數等於全部帳戶的貸方期末餘額合計數。

【任務描述】

天龍公司是機械製造有限公司，企業會計人員需要定期地加計總分類帳各帳戶的借貸方發生及餘額的合計數，從而檢查借貸方是否平衡和帳戶記錄有無錯誤。此類檢查一般都是發生在試算平衡表期末，在已經結出各個總分類帳戶的本期發生額和期末餘額後。試算平衡一般是通過編製試算平衡表的方式來進行，將總帳的相關金額記入該表中。

【任務目標】

1. 掌握總分類帳試算平衡表的使用。
2. 掌握總分類帳試算平衡表的找平方法。
3. 瞭解總分類帳試算平衡表和科目匯總表的區別。

【任務分析】

針對上述任務，為了保證當期會計處理的正確性，依據會計等式或復式記帳原理，對當期帳戶的全部記錄進行匯總、測算，以檢驗其正確性。如果檢測結果顯示總分類帳試算平衡表試算結構不平，則要根據相應的方法去找平。

【任務分解】

本任務可以分解為以下 3 個子任務。
子任務 1：製作總分類帳試算平衡表。
子任務 2：總分類帳試算平衡表找平方法。
子任務 3：總分類帳試算平衡表和科目匯總表的區別。

【任務實施】

5.2.1 新建「總分類帳試算平衡表」

新建一個工作表，命名為「總分類帳試算平衡表」，參照表 5-3 製作總分類帳試算平衡表，要求表格合理美觀。

表 5-3　總分類帳試算平衡表

年　月　日　　　　　　　　　　　　　　　　單位：元

會計科目	期初餘額		本期發生額		期末餘額	
	借方	貸方	借方	貸方	借方	貸方
庫存現金						
銀行存款						
應收票據						
應收帳款						
原材料						
庫存商品						
生產成本						
長期股權投資						
固定資產						
累計折舊						
無形資產						
短期借款						
應付票據						
應付帳款						
預收帳款						
應付職工薪酬						
應交稅費						
長期借款						
實收資本						
資本公積						
盈餘公積						
利潤分配						
本年利潤						
銷售費用						
合計						

財務主管：　　　　　　　　　　　　　　　　　　　　製表：

5.2.2 總分類帳試算平衡表找平方法

一般來說，總分類帳試算平衡表上發生不平衡的原因可能有以下幾點：

（1）所編試算平衡表中各金額欄加總的錯誤。這要求財會人員在加總時認真細心，在確定無誤的前提下再查找其他原因。

（2）編製試算平衡表過程中的錯誤。例如，編表寫錯數字，錯記金額的借、貸方向，或漏記某一帳戶的發生額或餘額。

（3）各分類帳戶的餘額計算錯誤。

（4）過帳時的錯誤。如在根據分錄簿過入分類帳時，將借、貸方向或金額記錯了，或者漏掉某一帳項或重複過帳。

檢查以上錯誤大致可以按照下列步驟進行：

（1）重新加總試算平衡表中借、貸欄或餘額欄的金額，並復核合計數，檢查本表的加總工作是否有錯誤。

（2）按照試算平衡表中所列帳戶的名稱和金額，逐一與分類帳戶所記的本期發生額或餘額核對。須重點注意的是是否有抄錯的數字或漏列的金額，是否有將借貸方向填錯的科目。如資產帳戶的餘額是否填入表中的貸方，負債和所有者權益帳戶餘額是否填入表中的借方。

（3）將分類帳戶所列的期初餘額和上期資產負債表相核對。須重點注意的是是否有抄錯的數字或漏掉的帳戶餘額，並檢查各帳戶借、貸方本期發生額的匯總及其餘額是否有錯誤。

（4）按分類帳戶的記錄，逐筆與分錄簿相核對。須重點注意各帳項或借、貸方向是否有過帳錯誤，是否有遺漏或重複過帳的帳項。

5.2.3 總分類帳試算平衡表和科目匯總表的區別

試算平衡表是定期地加計分類帳各帳戶的借貸方發生及餘額的合計數，用以檢查借貸方是否平衡（帳戶記錄有無錯誤）的一種表達式。

科目匯總表（記帳憑證匯總表、帳戶匯總表）是根據一定時期內所有的記帳憑證定期加以匯總而重新編製的記帳憑證，其目的是簡化總分類帳的登記手續。

科目匯總表與試算平衡表的區別有以下幾點：

（1）試算平衡表是定期地加計分類帳各帳戶的借貸方發生及餘額的合計數，用以檢查借貸方是否平衡（帳戶記錄有無錯誤）的一種表式。

（2）科目匯總表（記帳憑證匯總表、帳戶匯總表）是根據一定時期內所有的記帳憑證定期加以匯總而重新編製的記帳憑證，其目的是簡化總分類帳的登記手續。

（3）科目匯總表就是科目餘額匯總表，科目餘額匯總表和試算平衡表類似。

（4）科目餘額匯總表的作用是匯總每個會計科目的帳目金額。

（5）試算平衡表的作用是：檢查數據是否滿足資產＝負債＋所有者權益＋收入－費用，格式與科目餘額匯總表類似，期初餘額，本期發生額借方、貸方，本年累計借方、貸方。

（6）試算平衡表最有利於登記資產負債表。試算表平衡了，資產負債表自然不會出現不平的現象了。

5.3 製作明細分類帳

　　明細分類帳也稱明細帳，是指按照明細分類帳戶進行分類登記的帳簿，是根據單位開展經濟管理的需要，對經濟業務的詳細內容進行的核算，是對總分類帳進行的補充反應。明細分類帳能詳細地反應和記錄資產、負債、所有者權益、費用、成本、收入、利潤，也能為編製會計報表提供一定的資料。明細分類帳的應用對於加強監督財產的收發和保管、資金的使用和管理、往來款項的結算、收入的取得以及費用的開支等，起著重要的作用。

　　明細分類帳的登記通常有三種方法：
（1）根據原始憑證直接登記明分類細帳。
（2）根據匯總原始憑證登記明細分類帳。
（3）根據記帳憑證登記明細分類帳。

　　登記明細帳意義重大，企業所有發生的業務均通過登記明細帳詳盡地反應出來。具體表現在以下幾個方面：
（1）總分類帳戶期初餘額等於所屬明細分類帳戶的期初餘額之和。
（2）總分類帳戶本期借方發生額等於所屬明細分類帳戶的借方發生額之和。
（3）總分類帳戶本期貸方發生額等於所屬明細分類帳戶的貸方發生額之和。
（4）總分類帳戶的期末餘額等於所屬明細分類帳戶的期末餘額之和。

　　明細分類帳戶的特點為：一是帳戶名稱的靈活性，即企業可以根據自身的情況設立；二是提供指標的雙重性，它既可提供貨幣形式的指標，也可以提供實物度量的指標，還可提供分項核算的指標；三是具體格式多樣性，有三欄式、多欄式和數量金額式。

【任務描述】

　　天龍公司是機械製造有限公司，公司應用明細分類帳來加強監督財產的收發和保管、資金的使用和管理、往來款項的結算、收入的取得以及費用的開支等。因此，在按照一級科目設置總分類帳的基礎上，天龍公司必須按照明細科目設置固定資產、材料、商品、債權債務、業務收入、費用開支以及其他各種必要的明細分類帳。

【任務目標】

　　掌握明細分類帳的使用。

【任務分析】

針對上述任務，公司會計人員在編製不同類型經濟業務的明細分類帳時，可根據管理需要，依據記帳憑證、原始憑證或匯總原始憑證逐日逐筆或定期匯總登記。固定資產、債權、債務等明細帳應逐日逐筆登記；庫存商品、原材料、產成品收發明細帳以及收入、費用明細帳可以逐筆登記，也可定期匯總登記。

【任務分解】

本任務可以分解為以下1個子任務。

製作明細分類帳。

【任務實施】

新建一個工作表，命名為「明細分類帳」，參照表5-4明細分類帳，要求工作表合理美觀。

表5-4　明細分類帳

二級明細科目：			三級明細科目										本賬頁數： 本戶頁數： 戶名							
年		憑證編號	摘要	對應科目	借方							√	貸方						√	借或貸	余額
月	日																				

5.4　製作總分類帳

總分類帳簡稱總帳，是根據總分類科目開設帳戶，用來登記全部經濟業務，進行總分類核算，提供總括核算資料的分類帳簿。總分類帳所提供的核算資料，是編製會計報表的

主要依據，任何單位都必須設置總分類帳。

總分類帳的登記依據和方法，主要取決於所採用的會計核算形式。它可以直接根據各種記帳憑證逐筆登記，也可以先把記帳憑證按照一定方式進行匯總，編製成科目匯總表或匯總記帳憑證等，然後據以登記。

總帳有以下三種登記方法：

（1）根據記帳憑證直接登記，適合經濟業務小的企業。

（2）根據匯總記帳憑證登記，不適合轉帳憑證比較多的企業。

（3）根據科目匯總表登記（適合經濟業務多，量大的企業）。如果公司的記帳憑證比較多，可根據記帳憑證做出科目匯總表，再根據科目匯總表登記總帳。

【任務描述】

天龍公司是機械製造有限公司，公司的總帳要根據記帳憑證匯總表，每月登記1~3次，要根據公司的業務量大小自己確定。總帳用訂本帳，根據記帳憑證匯總表登記發生額，根據記帳憑證匯總表登記發生額，摘要，本期發生額，結出當月發生額和餘額，總帳帳戶的餘額與各明細帳要進行核對一致。在摘要欄用「本月合計」表示，金額欄填寫本月合計數，在下一行用「累計」表示自年初到結算期累計發生額，並在該欄的上下畫紅線。

【任務目標】

1. 掌握總分類帳的使用。

2. 掌握總分類帳與明細分類帳的關係。

【任務分析】

針對上述任務，公司會計人員根據各種記帳憑證逐筆登記，也可以先把記帳憑證按照一定方式進行匯總，編製成科目匯總表或匯總記帳憑證等，然後據以登記。按每一個總分類科目開設帳頁，進行分類登記的帳簿，它能總括地反應各會計要素具體內容的增減變動和變動結果，編製會計報表就是以這些分類帳所提供的資料為依據的。

【任務分解】

本任務可以分解為以下2個子任務。

子任務1：製作總分類帳。

子任務2：明確總分類帳與明細分類帳的關係。

【任務實施】

5.4.1 新建「總分類帳」

新建一個工作表，命名為「總分類帳」，參照表5-5製作總分類帳，要求表格合理美觀。

表 5-5　總分類帳

	总 分 类 账			总第_____页 分第_____页 编号_____页
年 凭证 年 月 字 号	摘 要	借 方 金 额 千百十万千百十元角分	贷 方 金 额 千百十万千百十元角分	借 或 余 额 贷 千百十万千百十元角分

5.4.2　總分類帳與明細分類帳的關係

為滿足經濟管理對會計資料的不同要求，會計上同時設置總分類帳戶和明細分類帳戶。總分類帳戶簡稱總帳，是按照總帳科目開設，提供資產、權益、收入和費用的總括資料。明細分類帳戶簡稱明細帳，是按照明細科目開設，提供資產、權益、收入和費用的詳細資料。

總分類帳戶與明細分類帳戶之間的關係是：總分類帳戶對其所屬的明細分類帳戶起著控制、統馭的作用；明細分類帳戶對其歸屬的總分類帳戶則起著補充、具體說明的作用。二者相輔相成，只是反應經濟業務的詳細程度不同，但是二者登記的原始依據是相同的，核算的內容也是相同的。二者的關係如圖 5-1 所示。

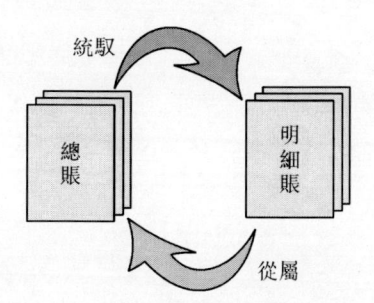

圖 5-1　總分類帳和明細分類帳的關係

總分類帳與明細分類帳的平行登記要點包括以下幾點：

（1）依據相同：對於需要提供其詳細指標的每一項經濟業務，應根據審核無誤後的記帳憑證，記入總分類帳戶的同時，記入同期總分類帳戶所屬的有關各明細分類帳戶。

（2）方向一致：登記總分類帳及其所屬明細分類帳的方向應該相同。

（3）金額相等：記入總分類帳戶的金額與記入其所屬的各明細分類帳戶的金額相等。

6 Excel 在財務報表中的應用

　　公司的財務報表多種多樣，可分為基本財務報表和附表兩大部分。基本財務報表包括資產負債表、利潤表和現金流量表三大報表，它們從不同角度反應公司的財務會計信息。這三張報表之間存在著一定的鉤稽關係。「資產＝負債＋股東權益」這一等式是編製資產負債表的主要依據。「利潤＝收入－成本費用」這一等式是編製利潤表的基本原理。「資產＝負債＋股東權益＋（收入－成本費用）」這一等式揭示了資產負債表與利潤表之間的關係。

　　資產負債表與利潤表的鉤稽關係在於本年利潤，利潤分配表中的「未分配利潤」項所列數字，等於資產負債表中「未分配利潤」項數字。除了這一簡單的對等外，還有什麼其他聯繫呢？由會計等式三可以看出，收入與成本費用之差——利潤並不是一個虛無的數字，最終要表現為資產的增加或負債的減少，這也就是兩個表之間深層次的聯繫。公司很多的經濟業務不僅會影響到公司的資產負債表，也會影響到公司的利潤表。比如公司將銷售業務收入不記「主營業務收入」而記入公司的往來帳項，如「應收帳款」貸方，這樣在資產負債表上反應出應收帳款有貸方金額，同時隱瞞收入，使利潤表淨利潤減少，未分配利潤減少，且反過來又影響資產負債表的「未分配利潤」項目。對投資者而言，在瞭解了簡單的對應關係之後，通曉這一深層次的聯繫是很有必要的。

　　現金流量表與資產負債表、利潤表的關係主要表現在現金流量的編製方法之中。現金流量表的一種編製方法是工作底稿法，即以工作底稿為手段，以利潤表和資產負債表數據為基礎，對每一項目進行分析並編製調整分錄，從而編製出現金流量表。現金流量表與其他兩個報表之間的鉤稽關係也較為複雜而隱蔽，投資者要在深入瞭解三個報表的基礎上才能理解其中的關係。

　　在實際分析中，光憑三個報表之間的關係就對公司的生產經營下結論，未免會有些武斷。在分析過程中，我們還必須有效地利用其他分析工具，才能形成正確的結論。會計報表的使用者可以通過分析會計報表之間的鉤稽關係，對公司的生產經營有一個總體瞭解。三個財務報表之間的關係如圖 6-1 和圖 6-2 所示。

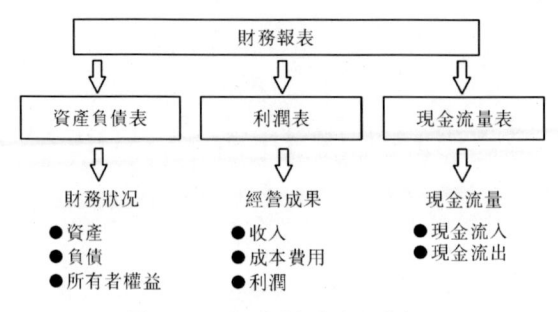

圖 6-1　三個財務報表的具體表現

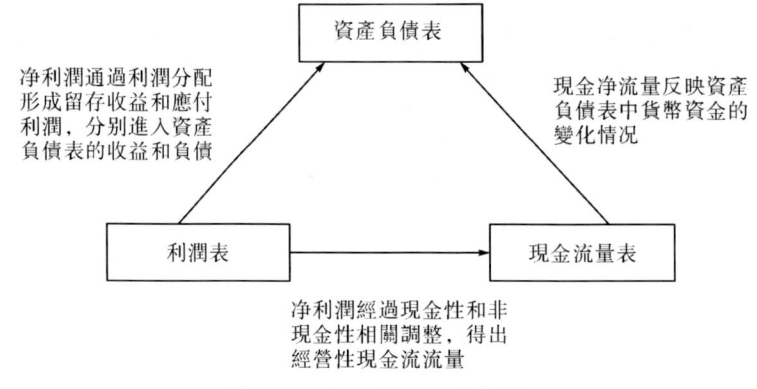

圖 6-2　三個財務報表之間的關係

6.1　資產負債表的應用

　　資產負債表亦稱財務狀況表，表示企業在一定日期（通常為各會計期末）的財務狀況（資產、負債和業主權益的狀況）的主要會計報表。資產負債表利用會計平衡原則，將合乎會計原則的資產、負債、股東權益交易科目分為「資產」和「負債及股東權益」兩大類，在經過分錄、轉帳、分類帳、試算、調整等會計程序後，以特定日期的靜態企業情況為基準，濃縮成一張報表。資產負債表的具體意義在於：

　　（1）反應企業資產的構成及其狀況，分析企業在某一日期所擁有的經濟資源及其分佈情況。資產代表企業的經濟資源，是企業經營的基礎，資產總量的高低在一定程度上可以說明企業的經營規模和盈利基礎大小，企業的結構即資產的分佈。企業的資產結構反應其生產經營過程的特點，有利於財務報表使用者進一步分析企業生產經營的穩定性。

（2）可以反應企業某一日期的負債總額及其結構，分析企業目前與未來需要支付的債務數額。負債總額表示企業承擔的債務數額，負債和所有者權益的比率反應了企業的財務結構。負債結構反應了企業償還負債的緊迫性，財務報表使用者通過資產負債表可以瞭解企業負債的基本信息。

（3）可以反應企業所有者權益的情況，瞭解企業現有投資者在企業投資總額中所占的份額。實收資本和留存收益是所有者權益的重要內容，反應了企業投資者對企業的初始投入和資本累計的多少，也反應了企業的資本結構和財務實力，有助於財務報表使用者分析、預測企業生產經營安全程度和抗風險的能力。

【任務描述】

天龍公司是機械製造有限公司，公司的會計人員必須定期對外公布財務報表並報送與企業有經濟利害關係的各相關方（包括股票持有者，長、短期債權人，政府相關機構），除了方便企業內部除錯、認清經營方向、防止弊端外，也可讓所有閱讀者在最短時間內瞭解企業的經營狀況。

【任務目標】

1. 掌握資產負債表的填製內容。
2. 瞭解資產負債表的編製方法。
3. 掌握資產負債表的編製。
4. 掌握資產負債表中所有項目的計算公式。

【任務分析】

針對上述任務，資產負債表是總括反應報告期末的資產、負債和所有者權益的構成的，因此表內「期末數」欄是根據總分類科目和明細分類科目餘額直接填列，或經過分析、計算後填列的；表內「期初數」欄內各項數字，應根據上年末「資產負債表」的「期末數」欄內所列數字填列。如果本年度「資產負債表」規定的各個項目的名稱和內容同上年度不一致，應對上年年末「資產負債表」各項目的名稱和數字按照本年度的規定調整，填入本表的「期初數」欄內。

【任務分解】

本任務可以分解為以下4個子任務。

子任務1：資產負債表的填製內容。

子任務2：資產負債表的編製方法。

子任務3：資產負債表的編製。

子任務4：資產負債表中所有項目的計算公式。

【任務實施】

6.1.1 資產負債表的填製內容

資產負債表根據資產、負債、所有者權益（或股東權益，下同）之間的鈎稽關係，按照一定的分類標準和順序，把企業一定日期的資產、負債和所有者權益各項目予以適當排列。它反應的是企業資產、負債、所有者權益的總體規模和結構。

在資產負債表中，企業通常按資產、負債、所有者權益分類分項反應。也就是說，資產按流動性大小進行列示，具體分為流動資產、長期投資、固定資產、無形資產及其他資產；負債也按流動性大小進行列示，具體分為流動負債、長期負債等；所有者權益則按實收資本、資本公積、盈餘公積、未分配利潤等項目分項列示。

銀行、保險公司和非銀行金融機構由於在經營內容上不同於一般的工商企業，因此其資產、負債、所有者權益的構成項目也不同於一般的工商企業，具有特殊性。但是，在資產負債表上列示時，對於資產，通常也按流動性大小進行列示，具體分為流動資產、長期投資、固定資產、無形資產及其他資產；對於負債，也按流動性大小列示，具體分為流動負債、長期負債等；對於所有者權益，也是按實收資本、資本公積、盈餘公積、未分配利潤等項目分項列示。

（1）資產

資產負債表中的資產反應由過去的交易、事項形成並由企業在某一特定日期所擁有或控制的、預期會給企業帶來經濟利益的資源。資產應當按照流動資產和非流動資產兩大類別在資產負債表中列示，在流動資產和非流動資產類別下進一步按性質分項列示。

流動資產是預計在一個正常營業週期中變現、出售或耗用，或者主要為交易目的而持有，或者預計在資產負債表日起一年內（含一年）變現的資產，或者自資產負債表日起一年內交換其他資產或清償負債的能力不受限制的現金或現金等價物。

資產負債表中列示的流動資產項目通常包括：貨幣資金、交易性金融資產、應收票據、應收帳款、預付款項、應收利息、應收股利、其他應收款、存貨和一年內到期的非流動資產等。

非流動資產是流動資產以外的資產。資產負債表中列示的非流動資產項目通常包括：長期股權投資、固定資產、在建工程、工程物資、固定資產清理、無形資產、開發支出、長期待攤費用以及其他非流動資產等。

（2）負債

資產負債表中的負債反應在某一特定日期企業所承擔的、預期會導致經濟利益流出企業的現時義務。負債應當按照流動負債和非流動負債在資產負債表中進行列示，在流動負債和非流動負債類別下再進一步按性質分項列示。

流動負債是預計在一個正常營業週期中清償，或者主要為交易目的而持有，或者自資產負債表日起一年內（含一年）到期應予以清償，或者企業無權自主地將清償推遲至資產

負債表日後一年以上的負債。

資產負債表中列示的流動負債項目通常包括短期借款、應付票據、應付帳款、預收款項、應付職工薪酬、應交稅費、應付利息、應付股利、其他應付款、一年內到期的非流動負債等。

非流動負債是流動負債以外的負債。非流動負債項目通常包括長期借款、應付債券和其他非流動負債等。

（3）所有者權益

資產負債表中的所有者權益是企業資產扣除負債後的剩餘權益，反應企業在某一特定日期股東（投資者）擁有的淨資產的總額，它一般按照實收資本、資本公積、盈餘公積和未分配利潤分項列示。

6.1.2 資產負債表的編製方法

（1）在日常的會計工作中，為正確編製資產負債表，人們通常採用工作底稿法。其填列方式如下：

①根據各帳戶的期末餘額編製總分類帳戶餘額試算平衡表。
②按照資產負債項目分類整理試算平衡表，形成工作底稿。
③根據工作底稿填寫試算平衡表的相關項目的金額。

資產負債表中各項目的金額分為年初餘額和期末餘額兩列，「年初餘額」各項目金額，根據上年末資產負債表的「期末餘額」直接轉錄填列。

（2）「期末餘額」項目的填列方法

①根據總帳餘額直接填列。

資產負債表中多數項目可以根據有關帳戶的期末餘額直接填列，可以直接填製的項目有「短期借款」「應收票據」「長期借款」「實收資本」「資本公積」「盈餘公積」等科目。

②根據總帳科目餘額計算填列。

資產負債表中某些項目可以根據若干個總帳帳戶的期末餘額計算填列，如「貨幣資金」項目，應根據「庫存現金」「銀行存款」「其他貨幣資金」三個總帳科目的期末餘額的合計數填列；「存貨」項目，根據「原材料」「庫存商品」「生產成本」「週轉材料」等帳戶的期末餘額計算填列。

③根據有關科目餘額減去其備抵科目餘額後的淨額填列。

如「可供出售金融資產」「持有至到期投資」「長期股權投資」「在建工程」「商譽」項目，應根據相關科目的期末餘額填列，已計提減值準備的，應扣減相應的減值準備。

其中「固定資產」「無形資產」「投資性房地產」「生產性生物資產」「油氣資產」項目，應根據相關科目的期末餘額扣減相關的累計折舊（或攤銷、折耗）填列，已計提減值準備的，還應扣減相應的減值準備，採用公允價值計量的上述資產，根據相關科目的期末餘額填列。

④綜合運用上述填列方法分析填列。

如「應收票據」「應收利息」「應收股利」「其他應收款」項目，應根據相關科目的期末餘額，減去「壞帳準備」科目中有關壞帳準備期末餘額後的金額填列。

「應收帳款」＝「應收帳款」明細帳借方餘額之和＋「預收帳款」明細帳借方餘額之和

「預收帳款」＝「應收帳款」明細帳貸方餘額之和＋「預收帳款」明細帳貸方餘額之和

「應付帳款」＝「應付帳款」明細帳貸方餘額之和＋「預付帳款」明細帳貸方餘額之和

「預付帳款」＝「應付帳款」明細帳借方餘額之和＋「預付帳款」明細帳借方餘額之和

6.1.3 資產負債表的編製

新建一個工作表，命名為「資產負債表」，參照表 6-1 製作資產負債表，要求表格合理美觀。

表 6-1　資產負債表

編製單位：　　　　　　　　　　　　年　月　日　　　　　　　　　　　　單位：元

資產	行次	年初數	期末數	負債和所有者權益（或股東權益）	行次	年初數	期末數
流動資產：				流動負債：			
貨幣資金	1			短期借款	68		
短期投資	2			應付票據	69		
應收票據	3			應付帳款	70		
應收股利	4			預收帳款	71		
應收利息	5			應付工資	72		
應收帳款	6			應付福利費	73		
其他應收款	7			應付股利	74		
預付帳款	8			應交稅金	75		
應收補貼款	9			其他應交款	80		
存貨	10			其他應付款	81		
待攤費用	11			預提費用	82		
一年內到期的長期債權投資	21			預計負債	83		
其他流動資產	24			一年內到期的長期負債	86		
流動資產合計	31			其他流動負債	90		
長期投資：				流動負債合計	100		
長期股權投資	32						

表6-1(續)

資產	行次	年初數	期末數	負債和所有者權益（或股東權益）	行次	年初數	期末數
長期債權投資	34			長期負債：			
長期投資合計	38			長期借款	101		
固定資產：				應付債券	102		
固定資產原價	39			長期應付款	103		
減：累計折舊	40			專項應付款	106		
固定資產淨值	41			其他長期負債	108		
減：固定資產減值準備	42			長期負債合計	110		
固定資產淨額	43			遞延稅項：			
工程物資	44			遞延稅款貸項	111		
在建工程	45			負債合計	114		
固定資產清理	46						
固定資產合計	50			所有者權益（或股東權益）：			
無形資產及其他資產：				實收資本（或股本）	115		
無形資產	51			減：已歸還投資	116		
長期待攤費用	52			實收資本（或股本）淨額	117		
其他長期資產	53			資本公積	118		
無形資產及其他資產合計	60			盈餘公積	119		
				其中：法定公益金	120		
遞延稅項：				未分配利潤	121		
遞延稅款借項	61			所有者權益（或股東權益）合計	122		
資產合計	67			負債和所有者權益總計	135		

6.1.4 資產負債表中所有項目的計算公式

資產負債表中資產、負債和所有者權益各自的項目對應不同的計算公式，參照表6-2，在Excel中填入所列項目的公式。

表6-2 資產負債表的基本計算公式

	序號	報表項目	總帳科目及明細帳科目期末餘額
資產	1	貨幣資金	銀行存款總帳期末餘額+庫存現金總帳期末餘額+其他貨幣資金總帳期末餘額
	2	短期投資	短期投資-短期投資跌價準備（舊會計準則的會計科目）
	2	交易性金融資產	交易性金融資產總帳期末餘額
	3	應收票據	應收票據總帳期末餘額
	4	應收帳款	應收帳款明細帳借方餘額+預收帳款明細帳借方餘額-對應壞帳準備總帳期末餘額
	5	預付帳款	預付帳款明細帳借方餘額+應付帳款明細帳借方餘額
	6	應收利息	應收利息總帳期末餘額
	7	應收股利	應收股息總帳期末餘額
	8	其他應收款	其他應收款總帳期末餘額
	9	存貨	材料採購/在途物資+原材料+低值易耗品+包裝物+庫存商品+週轉材料+委託加工物資+委託代銷產品+生產成本-存貨跌價準備+材料成本差異的借方（-材料成本差異貸方）
	10	一年內到期的非流動資產	自該資產負債表表首所列日期算起，一年內到期（含一年）非流動資產（持有至到期投資、長期應收款、長期待攤費用）
	11	長期股權投資	長期股權投資總帳期末餘額-長期股權投資減值準備總帳期末餘額
	12	持有至到期投資	「持有至到期投資」總帳餘額－一年內到期的持有至到期投資金額－「持有至到期投資減值準備」金額
	13	長期應收款	「長期應收款」總帳餘額－一年內到期的長期應收款
	14	固定資產	固定資產總帳期末餘額-「累計折舊」總帳期末餘額-「固定資產減值準備」總帳期末餘額
	15	在建工程	在建工程-在建工程減值準備
	16	工程物資	工程物資
	17	固定資產清理	固定資產清理借方餘額（如是貸方餘額以「-」號填列）
	18	無形資產	無形資產-累計攤銷-無形資產減值準備
	19	開發支出	研發支出科目中所屬的資本化支出
	20	長期待攤費用	長期待攤費用總帳餘額-將於一年內（含一年）攤銷的數額
	21	其他非流動資產	有關科目的期末餘額

表6-2(續)

	序號	報表項目	總帳科目及明細帳科目期末餘額
負債	22	短期借款	短期借款總帳期末餘額
	23	交易性金融負債	交易性金融負債總帳期末餘額
	24	應付票據	應付票據總帳期末餘額
	25	應付帳款	應付帳款明細帳貸方餘額+預付帳款明細帳貸方餘額
	26	預收帳款	預收帳款明細帳貸方餘額+應收帳款明細帳貸方餘額
	27	應付職工薪酬	應付職工薪酬（如是借方餘額以「−」號填列）
	28	應交稅費	應交稅費帳期末餘額（如是借方餘額以「−」號填列）
	29	應付利息	應付利息帳期末餘額
	30	應付股利	應付股利帳期末餘額
	31	其他應付款	其他應付款帳期末餘額
	32	一年內到期的非流動負債	自該資產負債表表首所列日期算起，一年內到期（含一年）非流動負債（長期借款、應付債券、長期應付款）
	33	長期借款	長期借款−一年內到期的長期借款
	34	應付債券	應付債券−一年內到期的應付債券
	35	長期應付款	長期應付款總帳餘額−一年內到期的長期應付款
	36	其他非流動負債	有關科目的期末餘額
所有者權益	37	實收資本（或股本）	實收資本（或股本）帳期末餘額
	38	資本公積	資本公積帳期末餘額
	39	盈餘公積	盈餘公積帳期末餘額
	40	未分配利潤	本年利潤帳期末貸方餘額+利潤分配帳期末貸方餘額（借方表示虧損以「−」號填列）

6.2 利潤表的應用

利潤表是用以反應公司在一定期間利潤實現（或發生虧損）的財務報表。它是一張動態報表。利潤表可以為報表的閱讀者提供做出合理的經濟決策所需要的有關資料，可用來分析利潤增減變化的原因、公司的經營成本等。

利潤表的項目分為利潤構成和利潤分配兩個部分。利潤構成部分先列示銷售收入，然後減去銷售成本得出銷售利潤；再減去各種費用後得出營業利潤（或虧損）；再加減營業

外收入和支出後，即為利潤（虧損）總額。利潤分配部分先將利潤總額減去應交所得稅後得出稅後利潤；其下即為按分配方案提取的公積金和應付利潤；如有餘額，即為未分配利潤。利潤表中的利潤分配部分如單獨劃出列示，則為「利潤分配表」。

利潤表上反應的會計信息，可以用來評價一個企業的經營效率和經營成果，評估投資的價值和報酬，進而衡量一個企業在經營管理上的成功程度。具體來說有以下幾個方面的作用：

（1）利潤表可作為經營成果的分配依據。利潤表反應企業在一定期間的營業收入、營業成本、營業費用以及稅金、各項期間費用和營業外收支等項目，最終計算出利潤綜合指標。利潤表上的數據直接影響到許多相關集團的利益，如國家的稅收收入、管理人員的獎金、職工的工資與其他報酬、股東的股利等。

（2）利潤表能綜合反應生產經營活動的各個方面，有助於考核企業經營管理人員的工作業績。企業在生產、經營、投資、籌資等各項活動中的管理效率和效益都可以從利潤數額的增減變化中綜合地表現出來。企業管理人員通過對比收入、成本費用、利潤與企業的生產經營計劃，可以考核生產經營計劃的完成情況，進而評價企業的經營業績和效率。

（3）利潤表可用來分析企業的獲利能力，預測企業未來的現金流量。利潤表揭示了經營利潤、投資淨收益和營業外的收支淨額的詳細資料，可據以分析企業的盈利水準，評估企業的獲利能力。同時，財務報表使用者關注的各種預期的現金來源、收入、時間和不確定性，如股利或利息、出售證券的所得及借款的清償，都與企業的獲利能力密切相關，所以，收益水準在預測未來現金流量方面具有重要作用。

【任務描述】

天龍公司是機械製造有限公司，利潤表提供的信息與企業的財務收支和盈利水準密切相關。債權人、投資人及其他會計信息使用者通過分析有可以瞭解企業的獲利能力、償債能力和投資價值。

【任務目標】

1. 瞭解利潤表的格式。
2. 掌握利潤表的編製方法。
3. 掌握利潤表的編製。
4. 掌握利潤表中所有項目的計算公式。

【任務分析】

針對上述任務，公司會計人員記錄生產經營中企業不斷發生的各種費用支出和取得的各種收入，收入減去費用，剩餘的部分就是企業的盈利。取得的收入和發生的相關費用的對比情況就是企業的經營成果。如果企業經營不當，發生的生產經營費用超過取得的收入，企業就發生了虧損；反之企業就能取得一定的利潤。會計部門應定期（一般按月份）核算企業的經營成果，並將核算結果編製成報表，這就形成了利潤表。

【任務分解】
本任務可以分解為以下 4 個子任務。
子任務 1：利潤表的格式。
子任務 2：利潤表的編製方法。
子任務 3：利潤表的編製。
子任務 4：利潤表中所有項目的計算公式。
【任務實施】

6.2.1　利潤表的格式

利潤表正表的格式一般有兩種：單步式利潤表和多步式利潤表。單步式利潤表是將當期所有的收入列在一起然後將所有的費用列在一起，兩者相減得出當期淨損益。多步式利潤表是通過對當期的收入、費用、支出項目按性質加以歸類，按利潤形成的主要環節列示一些中間性利潤指標，如營業利潤、利潤總額、淨利潤，分步計算當期淨損益。

中國企業會計制度規定，企業的利潤表採用多步式，每個項目通常又分為「本月數」和「本年累計數」兩欄分別填列。「本月數」欄反應各項目的本月實際發生數；在編製中期財務會計報告時，填列上年同期累計實際發生數；在編製年度財務會計報告時，填列上年全年累計實際發生數。如果上年度利潤表與本年度利潤表的項目名稱和內容不一致，則按編製當年的口徑對上年度利潤表項目的名稱和數字進行調整，填入本表「上年數」欄。在編製中期和年度財務會計報告時，將「本月數」欄改成「上年數」欄。本表「本年累計數」欄反應各項目自年初起至報告期末止的累計實際發生數。多步式利潤表主要分四步計算企業的利潤（或虧損）：第一步，以主營業務收入為基礎，減去主營業務成本和主營業務稅金及附加，計算主營業務利潤；第二步，以主營業務利潤為基礎，加上其他業務利潤，減去銷售費用、管理費用、財務費用，計算出營業利潤；第三步，以營業利潤為基礎，加上投資淨收益、補貼收入、營業外收入，減去營業外支出，計算出利潤總額；第四步，以利潤總額為基礎，減去所得稅，計算淨利潤（或淨虧損）。

6.2.2　利潤表的編製方法

多步式損益表將損益表的內容作多項分類，從銷售總額開始，多步式損益表分以下幾步展示企業的經營成果及其影響因素。

第一步：反應銷售淨額，即銷售總額減銷貨退回與折讓以及銷售稅金後的餘額。
第二步：反應銷售毛利，即銷售淨額減銷售成本後的餘額。
第三步：反應銷售利潤，即銷售毛利減銷售費用、管理費用、財務費用等期間費用後的餘額。
第四步：反應營業利潤，即銷售利潤加上其他業務利潤後的餘額。

第五步：反應利潤總額，即營業利潤加（減）投資淨收益、營業外收支、會計方法變更對前期損益的累積影響等項目後的餘額。

第六步：反應所得稅後利潤，即利潤總額減應計所得稅（支出）後的餘額。

6.2.3 利潤表的編製

新建一個工作表，命名為「利潤表」，參照表 6-3 製作利潤表，要求工作表合理美觀。

表 6-3 利潤表

編製單位：　　　　　　　　　　　　　　　　　　　　　　　　　　　　單位：元

項　目	行次	本年累計數	上年同期數
一、主營業務收入	1		
減：主營業務成本	2		
稅金及附加	3		
二、主營業務利潤	4		
加：其他業務利潤	5		
減：管理費用	6		
銷售費用	7		
財務費用	8		
三、營業利潤	9		
加：投資收益	10		
補貼收入	11		
營業外收入	12		
減：營業外支出	13		－
加：以前年度損益調整	14		
四、利潤總額	15		
減：所得稅	16		
五、淨利潤	17		
加：年初未分配利潤	18		
其他轉入	19		
六、可供分配的利潤	20		－
減：提取法定盈餘公積	21		
提取法定公益金	22		

表6-3(續)

項　目	行次	本年累計數	上年同期數
提取職工獎勵及福利基金	23		
提取儲備基金	24		
提取企業發展基金	25		
利潤歸還投資	26		
七、可供投資者分配的利潤	27		
減：應付優先股股利	28		
提取任意盈餘公積	29		
應付普通股股利	30		
轉作資本（或股本）的普通股股利	31		
八、以前年度損益調整	32		
九、未分配利潤	33		

補充資料：

項目	行次	本年累計數	上年同期數
1. 出售、處置部門或被投資單位所得收益	1	以	
2. 自然災害發生的損失	2		
3. 會計政策變更增加（或減少）利潤總額	3		
4. 會計估計變更增加（或減少）利潤總額	4		
5. 債務重組損失	5		
6. 其他	6		

6.2.4　利潤表中所有項目的計算公式

利潤表中各個項目對應不同的計算公式，參照表6-4，在 Excel 中填入所列項目的公式。

表6-4　利潤表的基本計算公式

項目	核算內容
一、營業收入	某期間的營業收入＝（銷售商品＋提供勞務＋出售材料＋隨同商品出售單獨計價的包裝物＋出租固定資產、無形資產等＋投資性房地產的出租收入＋出售投資性房地產＋自產產品視同銷售的收入）－本期銷售退回和銷售折讓的收入

表6-4(續)

項目	核算內容
減：營業成本	某期間的營業成本＝（銷售商品成本＋提供勞務成本＋自產產品作為福利發放給職工的成本＋銷售材料成本＋隨同商品出售的單獨計價的包裝物成本＋出租無形資產的攤銷＋出租固定資產的折舊＋投資性房地產出租的攤銷或折舊（成本模式）＋出售投資性房地產結轉的帳面價值）－本期銷售退回的成本
稅金及附加	
期間費用	銷售費用、管理費用、財務
資產減值損失	1. 存貨減值的計提和轉回 2. 應收帳款壞帳準備的計提和轉回 3. 固定資產、無形資產、投資性房地產（成本模式）和長期股權投資減值的計提 4. 可供出售金融資產減值的計提和可供出售金融資產（債務工具）的轉回
加：公允價值變動收益（損失以「－」號填列）	反應企業應當計入當期損益的資產或負債公允價值變動收益 1. 公允價值變動損益貸方金額（＋） 2. 公允價值變動損益借方金額（－） 【提示】最終公允價值變動損益貸方金額（＋）；最終公允價值變動損益借方金額（－）
投資收益（損失以「－」號填列）	1. 取得交易性金融資產支付的交易費用 2. 確認新派發的現金股利（股票） （1）交易性金融資產 （2）可供出售金融資產 （3）長期股權投資（成本法） 3. 確認投資的利息（債券） （1）交易性金融資產 （2）持有至到期投資 （3）可供出售金融資產 4. 交易性金融資產處置收益或損失 5. 長期股權投資處置收益或損失 6. 長期股權投資權益法核算被投資單位實現淨利潤或發生淨虧損 7. 可供出售金融資產的處置收益或損失 8. 持有至到期投資的處置收益或損失 【提示】最終投資收益貸方金額（＋）；最終投資收益借方金額（－）
二、營業利潤	【計算】

表6-4(續)

項目	核算內容
加：營業外收入	1. 非流動資產處置利得 主要包括固定資產處置利得和無形資產出售（轉讓無形資產所有權）利得 2. 盤盈利得 企業無法查明原因的現金溢餘，批准後，借記「待處理財產損溢」科目，貸記「營業外收入」科目 【相關連結1】固定資產盤盈比較特殊，通過「以前年度損益調整」科目核算（不影響本期淨利潤） 【相關連結2】存貨的盤盈，通過貸方「管理費用」科目核算（影響營業利潤）。 3. 捐贈利得 4. 非貨幣性資產交換利得，債務重組利得（考試僅僅考概念，無計算） 5. 確實無法支付的應付帳款 6. 企業取得按照權益法核算的某項長期股權投資，初始投資成本小於投資時應享有的被投資單位可辨認淨資產公允價值的份額的差額 7. 政府補助
減：營業外支出	1. 非流動資產處置淨損失（包括固定資產處置損失和無形資產處置淨損失） 2. 盤虧損失 固定資產的盤虧損失計入營業外支出 【相關連結1】無法查明原因的現金短缺記入「管理費用」科目。 【相關連結2】存貨的損失，根據情況分別處理：自然災害造成的計入營業外支出；管理不善造成的計入管理費用 3. 公益性捐贈支出 4. 非常損失 指企業對於因客觀因素（如自然災害等）造成的損失，在扣除保險公司賠償後應計入營業外支出的淨損失 【相關連結】管理不善造成的計入管理費用 5. 罰款支出 6. 非貨幣性資產交換損失和債務重組損失（僅僅涉及概念）
三、利潤總額	【計算】
減：所得稅費用	所得稅費用＝當期所得稅+遞延所得稅（費用或減收益）
四、淨利潤	【計算】

6.3 現金流量表的應用

現金流量表是財務報表的三個基本報告之一，所表達的是在一個固定期間（通常是每月或每季）內，一家機構的現金（包含銀行存款）的增減變動情形。現金流量表主要反應出資產負債表中各個項目對現金流量的影響，並根據其用途劃分為經營、投資及融資三個類別。現金流量表可用於分析一家機構在短期內有沒有足夠現金去應付開銷。

現金流量表的主要作用有以下幾點：

（1）現金流量表能夠說明企業一定期間內現金流入和流出的原因。現金流量表將現金流量劃分為經營活動、投資活動和籌資活動所產生的現金流量，並按照流入現金和流出現金項目分別反應。現金流量表能夠清晰地反應企業現金從哪裡來，又用到哪裡去。這些信息是資產負債表和利潤表所不能提供的。

（2）現金流量表能夠說明企業的償債能力和支付股利的能力。投資者投入資金、債權人提供企業短期或長期使用的資金，其目的主要是獲利。通常情況下，財務報表閱讀者比較關注企業的獲利情況，並且往往以獲得利潤的數額作為衡量標準。企業獲利多少在一定程度上表明了企業具有一定的現金支付能力。但是，企業一定期間內獲得的利潤並不代表企業真正具有償債或支付能力。通過現金流量表，投資者和債權人可瞭解企業獲取現金的能力和現金償付的能力，從而使有限的社會資源流向最能產生效益的地方。

（3）現金流量表可以用來分析企業未來獲取現金的能力。現金流量表反應企業一定期間內的現金流入和流出的整體情況。現金流量表中的經營活動產生的現金流量，代表企業運用其經濟資源創造現金流量的能力；投資活動產生的現金流量，代表企業運用資金產生現金流量的能力；籌資活動產生的現金流量，代表企業籌資獲得現金流量的能力。通過現金流量表及其他財務信息，使用者可以分析企業未來獲取或支付現金的能力。

（4）現金流量表可以用來分析企業投資和理財活動對經營成果和財務狀況的影響。現金流量表提供一定時期現金流入和流出的動態財務信息，表明企業在報告期內由經營活動、投資活動和籌資活動獲得多少現金，企業獲得的這些現金是如何運用的，能夠說明資產、負債、淨資產變動的原因，對資產負債表和利潤表起到補充說明的作用。現金流量表是連接資產負債表和利潤表的橋樑。

（5）現金流量表能夠提供不涉及現金的投資和籌資活動的信息。現金流量表除了反應企業與現金有關的投資和籌資活動外，還通過補充資料（附註）方式提供不涉及現金的投資和籌資活動方面的信息，使會計報表使用者或閱讀者能夠全面瞭解企業的投資和籌資活動。

（6）編製現金流量表便於和國際慣例相協調。目前世界許多國家都要求企業編製現金流量表，如美國、英國、澳大利亞、加拿大等。中國企業編製現金流量表後，將對開展跨國經營、境外籌資、加強國際經濟合作起到積極的作用。

【任務描述】

天龍公司是機械製造有限公司，公司的現金流量表可以揭示企業在一定時期內獲取的現金以及交易和支付的現金。使用者通過現金流量表可以瞭解企業擁有多少現金，在會計期間內需要支付多少現金或者能夠獲得多少現金，從而瞭解和預測企業未來發展。

【任務目標】

1. 瞭解現金流量的分類。
2. 掌握現金流量表的編製原則。

3. 掌握現金流量表的編製。
4. 掌握利潤表中所有項目的計算公式。

【任務分析】

針對上述任務，企業會計人員通過編製現金流量表幫助投資者、債權人評估企業未來的現金流量，並進一步評估企業償還債務、支付股利能力及對外籌資的能力；同時便於報表使用者分析本期淨利潤與經營活動現金流量差異的原因。

【任務分解】

本任務可以分解為以下 4 個子任務。

子任務 1：現金流量的分類。
子任務 2：現金流量表的編製原則。
子任務 3：現金流量表的編製。
子任務 4：現金流量表中所有項目的計算公式。

【任務實施】

6.3.1 現金流量的分類

現金流量分為經營活動產生的現金流量、投資活動產生的現金流量和籌資活動產生的現金流量三類。

6.3.1.1 通過收到現金的內容區分

（1）經營活動收到現金

①銷售商品、提供勞務：銷售商品、提供勞務收到的現金（含銷項稅金、銷售材料、代購代銷業務）。

②稅費返還：返還的增值稅、消費稅、關稅、所得稅、教育費附加等。

③收到其他經營活動：罰款收入、個人賠償、經營租賃收入等。

（2）投資活動收到現金

①收回投資：短期股權、短期債權；長期股權、長期債權本金（不含長債利息、非現金資產）。

②投資收益：收到的股利、利息、利潤（不含股票股利）。

③處置長期資產：處置固定資產、無形資產、其他長期資產收到的現金，減去處置費用後的淨額，包括保險賠償；負數在「其他投資活動」中反應。

④其他投資活動：反應企業除了上述各項以外，支付的其他與投資活動有關的現金流量。

（3）籌資活動收到現金

①吸收投資：發行股票、發行債券收入淨值（扣除發行費用，不含企業直接支付的審計、諮詢等費用）。

②收到借款：舉借各種短期借款、長期借款收到的現金。
③其他籌資活動：接受現金捐贈等。

6.3.1.2　通過收到現金的依據區分

(1) 經營活動收到現金

①銷售商品、提供勞務：主營業務收入、其他業務收入、應收帳款、應收票據、預收帳款、現金、銀行存款。

②稅費返還：稅金及附加、補貼收入、應收補貼款、現金、銀行存款。

③其他經營活動：營業外收入、其他業務收入、現金、銀行存款。

(2) 投資活動收到現金

①收回投資：短期投資、長期股權投資、長期債權投資、現金、銀行存款。

②投資收益：投資收益、現金、銀行存款。

③處置長期資產：固定資產清理、現金、銀行存款。

④其他投資活動：應收股利、應收利息、現金、銀行存款。

(3) 籌資活動收到現金

①吸收投資：實收資本、應付債券、現金、銀行存款。

②收到借款：短期借款、長期借款、現金、銀行存款。

③其他籌資活動：資本公積、現金、銀行存款。

6.3.1.3　通過支付現金的內容區分

(1) 經營活動支付現金

①購買商品、接受勞務：購買商品、接受勞務支付的現金（扣除購貨退回、含進項稅）。

②支付職工：支付給職工的工資、獎金、津貼、勞動保險、社會保險、住房公積金、其他福利費（不含離退休人員）。

③支付的各項稅費：本期實際繳納的增值稅、消費稅、關稅、所得稅、教育費附加、礦產資源補償費、「四稅」等各項稅費（含屬於的前期、本期、後期，不含計入資產的耕地占用稅）。

(2) 投資活動支付現金

①購建長期資產：購建固定資產、無形資產、其他長期資產支付的現金，分期購建資產首期付款（不含以後期付款、利息資本化部分、融資租入資產租賃費）。

②支付投資：進行股權性投資、債權性投資支付的本金及佣金、手續費等附加費。

③支付其他投資活動：支付購買股票時宣告未付的股利及利息。

(3) 籌資活動支付現金

①償還債務：償還借款本金、債券本金（不含利息）。

②支付股利、利息、利潤：支付給其他單位的股利、利息、利潤。

③支付其他籌資活動：捐贈支出、融資租賃支出、企業直接支付的發行股票債券的審計、諮詢等費用等。

6.3.2 現金流量表的編製原則

（1）總額反應現金流入、流出信息。現金流量表一般情況下應以總額反應現金的流入和流出狀況，但下列情況可用淨額反應：

①週轉快、金額大、期限短（通常為3個月或更短時間）的項目。

②金額不大的項目，如處置固定資產發生的現金收入和相關支出。需要注意的是，「處置固定資產、無形資產和其他長期資產所收回的現金淨額」項目反應企業處置固定資產、無形資產和其他長期資產所取得的出售收入或保險賠款，減去為處置這些資產而支付的有關費用的淨額。當支付的有關費用大於所取得的現金時，說明企業在該項投資活動中，從總體上來看並沒有發生現金流入而是發生現金流出，所以不能在「處置固定資產、無形資產和其他長期資產所收回的現金淨額」項目中以負數列示，而是在「支付的其他與投資活動有關的現金」項目中以正數反應。

③不反應企業自身交易或事項的現金流量項目，如代收代付款。

（2）合理劃分經營活動、投資活動和籌資活動。比如，債券利息收入、股利收入屬投資活動，而債券利息支出、股利支出則屬籌資活動。企業發生的財務費用，應視其形成原因，分別在現金流量表的經營活動、投資活動、籌資活動中反應。比如，票據貼現利息屬於企業的經營活動行為，作為「銷售商品、提供勞務所收到的現金」的減項；銀行存款利息收入屬於企業經營活動行為，列入「收到的其他與經營活動有關的現金」；購買固定資產產生的匯兌損益屬於企業的投資行為，列入「購建固定資產、無形資產和其他長期資產所支付的現金」；銀行貸款利息支出屬於企業的籌資行為，列入「分配股利、利潤和償付利息所支付的現金」。需要注意的是，有些支出具有多類現金流量特徵，如繳納所得稅、自然災害保險索賠款等，如不能分清，通常作為經營活動的現金流量反應。

（3）不涉及現金流量的投資活動和籌資活動，在補充資料中應適當反應。

6.3.3 現金流量表的編製

新建一個工作表，命名為「現金流量表」，參照表6-5製作現金流量表，要求表格合理美觀。

表 6-5　現金流量表

編製單位：　　　　　　　　　　　　年　月　日　　　　　　　　　　　　單位：元

項目	本期金額	項目	本期金額
一、經營活動產生的現金流量：		補充資料	
銷售商品、提供勞務收到的現金		1. 將淨利潤調節為經營活動現金流量：	
收到的稅費返還		淨利潤	
收到其他與經營活動有關的現金		加：資產減值準備	
經營活動現金流入小計		固定資產折舊、油氣資產折耗、生產性生物資產折舊	
購買商品、接受勞務支付的現金			
支付給職工以及為職工支付的現金		無形資產攤銷	
支付的各項稅費		待攤費用攤銷	
支付其他與經營活動有關的現金		長期待攤費用攤銷	
經營活動現金流出小計		預提費用	
經營活動產生的現金流量淨額		處置固定資產、無形資產和其他長期資產的損失（收益以「-」號填列）	
二、投資活動產生的現金流量：			
收回投資收到的現金		固定資產報廢損失（收益以「-」號填列）	
取得投資收益收到的現金		公允價值變動損失（收益以「-」號填列）	
處置固定資產、無形資產和其他長期資產收回的現金淨額		財務費用（收益以「-」號填列）	
處置子公司及其他營業單位收到的現金淨額		投資損失（收益以「-」號填列）	
收到其他與投資活動有關的現金		遞延所得稅負債減少（增加以「-」號填列）	
投資活動現金流入小計		遞延所得稅負債增加（減少以「-」號填列）	
購建固定資產、無形資產和其他長期資產支付的現金		存貨的減少（增加以「-」號填列）	
投資支付的現金		經營性應收項目的減少（增加以「-」號填列）	
取得子公司及其他營業單位支付的現金淨額		經營性應付項目的增加（減少以「-」號填列）	
支付其他與投資活動有關的現金		其他	

表6-5(續)

項目	本期金額	項目	本期金額
投資活動現金流出小計			
投資活動產生的現金流量淨額			
三、籌資活動產生的現金流量：		經營活動產生的現金流量淨額	
吸收投資收到的現金		2. 不涉及現金收支的重大投資和籌資活動：	
借款收到的現金		債務轉資本	
收到其他與籌資活動有關的現金		一年內到期的可轉換公司債券	
籌資活動現金流入小計		融資租入固定資產	
償還債務支付的現金			
分配股利、利息或償付利息支付的現金		3. 現金及現金等價物淨變動情況：	
支付其他與籌資活動有關的現金		現金的期末餘額	
籌資活動現金流出小計		減：現金的期初餘額	
籌資活動產生的現金流量淨額		加：現金等價物的期末餘額	
四、匯率變動對現金及現金等價物的影響		減：現金等價物的期初餘額	
五、現金及現金等價物淨增加額		現金及現金等價物的淨增加額	

6.3.4 現金流量表中所有項目的計算公式

6.3.4.1 確定主表的「經營活動產生的現金流量淨額」

（1）銷售商品、提供勞務收到的現金

銷售商品、提供勞務收到的現金＝利潤表中主營業務收入×（1+17%）+利潤表中其他業務收入+（應收票據期初餘額-應收票據期末餘額）+（應收帳款期初餘額-應收帳款期末餘額）+（預收帳款期末餘額-預收帳款期初餘額）-計提的應收帳款壞帳準備期末餘額

（2）收到的稅費返還

收到的稅費返還＝（應收補貼款期初餘額-應收補貼款期末餘額）+補貼收入+所得稅本期貸方發生額累計數

（3）收到的其他與經營活動有關的現金

收到的其他與經營活動有關的現金＝營業外收入相關明細本期貸方發生額+其他業務收入相關明細本期貸方發生額+其他應收款相關明細本期貸方發生額+其他應付款相關明細本期貸方發生額+銀行存款利息收入 　　　　　　　　　　　　　　　（式6-1）

在具體操作中，由於是根據兩大主表和部分明細帳簿編製現金流量表，數據很難精確，故該項目留到最後倒擠填列，計算公式是：

收到的其他與經營活動有關的現金＝補充資料中「經營活動產生的現金流量淨額」－｛（1+2）－（4+5+6+7）｝　　　　　　　　　　　　　　　　　　　　　（式6-2）

式6-2倒擠產生的數據，與式6-1計算的結果相差不會太大。

（4）購買商品、接受勞務支付的現金

購買商品、接受勞務支付的現金＝［利潤表中主營業務成本+（存貨期末餘額－存貨期初餘額）］×（1+17%）+其他業務支出（剔除稅金）+（應付票據期初餘額－應付票據期末餘額）+（應付帳款期初餘額－應付帳款期末餘額）+（預付帳款期末餘額－預付帳款期初餘額）

（5）支付給職工以及為職工支付的現金

支付給職工以及為職工支付的現金＝「應付工資」科目本期借方發生額累計數+「應付福利費」科目本期借方發生額累計數+管理費用中「養老保險金」「待業保險金」「住房公積金」「醫療保險金」+成本及製造費用明細表中的「勞動保護費」

（6）支付的各項稅費

支付的各項稅費＝「應交稅金」各明細帳戶本期借方發生額累計數+「其他應交款」各明細帳戶借方數+「管理費用」中「稅金」本期借方發生額累計數+「其他業務支出」中有關稅金項目

此即企業實際繳納的各種稅金和附加稅，但不包括進項稅。

（7）支付的其他與經營活動有關的現金

支付的其他與經營活動有關的現金＝營業外支出（剔除固定資產處置損失）+管理費用（剔除工資、福利費、勞動保險金、待業保險金、住房公積金、養老保險、醫療保險、折舊、壞帳準備或壞帳損失、列入的各項稅金等）+營業費用、成本及製造費用（剔除工資、福利費、勞動保險金、待業保險金、住房公積金、養老保險、醫療保險等）+其他應收款本期借方發生額+其他應付款

6.3.4.2　確定主表的「投資活動產生的現金流量淨額」

（1）收回投資所收到的現金

收回投資所收到的現金＝（短期投資期初數－短期投資期末數）+（長期股權投資期初數－長期股權投資期末數）+（長期債權投資期初數－長期債權投資期末數）

該公式中，如期初數小於期末數，則在投資所支付的現金項目中核算。

（2）取得投資收益所收到的現金

取得投資收益所收到的現金＝利潤表投資收益－（應收利息期末數－應收利息期初數）－（應收股利期末數－應收股利期初數）

（3）處置固定資產、無形資產和其他長期資產所收回的現金淨額

處置固定資產、無形資產和其他長期資產所收回的現金淨額＝「固定資產清理」的貸方餘額＋（無形資產期末數－無形資產期初數）＋（其他長期資產期末數－其他長期資產期初數）

（4）收到的其他與投資活動有關的現金

如收回融資租賃設備本金等。

（5）購建固定資產、無形資產和其他長期資產所支付的現金

購建固定資產、無形資產和其他長期資產所支付的現金＝（在建工程期末數－在建工程期初數）（剔除利息）＋（固定資產期末數－固定資產期初數）＋（無形資產期末數－無形資產期初數）＋（其他長期資產期末數－其他長期資產期初數）

上述公式中，如期末數小於期初數，則在處置固定資產、無形資產和其他長期資產所收回的現金淨額項目中核算。

（6）投資所支付的現金

投資所支付的現金＝（短期投資期末數－短期投資期初數）＋（長期股權投資期末數－長期股權投資期初數）（剔除投資收益或損失）＋（長期債權投資期末數－長期債權投資期初數）（剔除投資收益或損失）

公式中，如期末數小於期初數，則在收回投資所收到的現金項目中核算。

（7）支付的其他與投資活動有關的現金

如投資未按期到位罰款。

6.3.4.3 確定主表的「籌資活動產生的現金流量淨額」

（1）吸收投資所收到的現金

吸收投資所收到的現金＝（實收資本或股本期末數－實收資本或股本期初數）＋（應付債券期末數－應付債券期初數）

（2）借款收到的現金

借款收到的現金＝（短期借款期末數－短期借款期初數）＋（長期借款期末數－長期借款期初數）

（3）收到的其他與籌資活動有關的現金

如投資人未按期繳納股權的罰款現金收入等。

（4）償還債務所支付的現金

償還債務所支付的現金＝（短期借款期初數－短期借款期末數）＋（長期借款期初數－長期借款期末數）（剔除利息）＋（應付債券期初數－應付債券期末數）（剔除利息）

（5）分配股利、利潤或償付利息所支付的現金

分配股利、利潤或償付利息所支付的現金＝應付股利借方發生額＋利息支出＋長期借款利息＋在建工程利息＋應付債券利息－預提費用中「計提利息」貸方餘額－票據貼現利息

支出

（6）支付的其他與籌資活動有關的現金

如發生籌資費用所支付的現金、融資租賃所支付的現金、減少註冊資本所支付的現金（收購本公司股票，退還聯營單位的聯營投資等）、企業以分期付款方式購建固定資產，除首期付款支付的現金以外的其他各期所支付的現金等。

6.3.4.4 確定補充資料的「現金及現金等價物的淨增加額」

現金的期末餘額=資產負債表「貨幣資金」期末餘額

現金的期初餘額=資產負債表「貨幣資金」期初餘額

現金及現金等價物的淨增加額=現金的期末餘額-現金的期初餘額

一般企業很少有現金等價物，故該公式未考慮此因素，如有則應相應填列。

6.3.4.5 確定補充資料中的「經營活動產生的現金流量淨額」

（1）淨利潤

該項目根據利潤表淨利潤數填列。

（2）計提的資產減值準備

計提的資產減值準備=本期計提的各項資產減值準備發生額累計數

註：直接核銷的壞帳損失，不計入。

（3）固定資產折舊

固定資產折舊=製造費用中折舊+管理費用中折舊

　　　　　　=累計折舊期末數-累計折舊期初數

註：未考慮因固定資產對外投資而減少的折舊。

（4）無形資產攤銷

無形資產攤銷=無形資產（期初數-期末數）

　　　　　　=無形資產貸方發生額累計數

註：未考慮因無形資產對外投資減少。

（5）長期待攤費用攤銷

長期待攤費用攤銷=長期待攤費用（期初數-期末數）

　　　　　　　　=長期待攤費用貸方發生額累計數

（6）待攤費用的減少（減：增加）

待攤費用的減少（減：增加）=待攤費用期初數-待攤費用期末數

（7）預提費用增加（減：減少）

預提費用增加（減：減少）=預提費用期末數-預提費用期初數

（8）處置固定資產、無形資產和其他長期資產的損失（減：收益）

根據固定資產清理及營業外支出（或收入）明細帳分析填列。

（9）固定資產報廢損失

根據固定資產清理及營業外支出明細帳分析填列。

（10）財務費用

財務費用＝利息支出－應收票據的貼現利息

（11）投資損失（減：收益）

投資損失（減：收益）＝投資收益（借方餘額正號填列，貸方餘額負號填列）

（12）遞延稅款貸項（減：借項）

遞延稅款貸項（減：借項）＝遞延稅款期末數－遞延稅款期初數

（13）存貨的減少（減：增加）

存貨的減少（減：增加）＝存貨期初數－存貨期末數

註：未考慮存貨對外投資的減少。

（14）經營性應收項目的減少（減：增加）

經營性應收項目的減少（減：增加）＝應收帳款（期初數－期末數）＋應收票據（期初數－期末數）＋預付帳款（期初數－期末數）＋其他應收款（期初數－期末數）＋待攤費用（期初數－期末數）－壞帳準備期末餘額

（15）經營性應付項目的增加（減：減少）

經營性應付項目的增加（減：減少）＝應付帳款（期末數－期初數）＋預收帳款（期末數－期初數）＋應付票據（期末數－期初數）＋應付工資（期末數－期初數）＋應付福利費（期末數－期初數）＋應交稅金（期末數－期初數）＋其他應交款（期末數－期初數）

（16）其他

7 Excel 在財務報表分析中的應用

7.1 基於 Excel 的財務報表的結構與趨勢分析

財務報表分析的結構分析法是指對經濟系統中各組成部分及其對比關係變動規律的分析。結構分析主要是一種靜態分析，即對一定時期內的企業財務報表的分析。如果對不同時期內經濟結構變動進行分析，則屬動態分析。財務報表分析結果可以文字、數值、圖形等多種形式輸出。

【任務描述】

以 X 公司 2015—2018 年的三大財務報表為例，運用結構分析法對企業財務狀況（結構）、營運能力、償債能力和盈利能力進行分析，並建立相應的模型。

【任務目標】

1. 建立資產負債表的結構分析模型、趨勢分析模型。
2. 建立利潤表結構分析模型、趨勢分析模型。
3. 建立現金流量表的結構分析模型、趨勢分析模型。

【任務分析】

針對上述任務，根據 X 公司的三大財務報表數據，利用 Excel 的公式、函數和圖表，分別建立相應的結構分析模型和趨勢分析模型。

【任務實施】

7.1.1 結構分析模型

7.1.1.1 資產負債表的結構分析模型

資產負債表是反應企業在某一特定日期（月末、年末）所擁有的資產、負債和所有者權益等財務狀況的會計報表。資產負債表的結構分析主要是分析資產負債表中的各項目在總資產中所占的比重，在分析時，以資產負債表中的資產總計為基礎，將其他各項目的數據與資產總計相比較，求出各個項目在總資產中所占的結構百分比，即可得出資產負債表的結構分析模型。

【例 7-1】假定 X 公司 2018 年的資產負債表，如圖 7-1 所示，試對該公司 2018 年年

末資產負債表進行結構分析。

	A	B	C	D	E	F
1			2018年资产负债表			单位金额：元
2	项目	年初金额	年末金额	项目	年初金额	年末金额
3	流动资产：			流动负债：		
4	货币资金	875 300	974 000	短期借款	300 000	10 000
5	交易性金融资产	0	0	交易性金融负债	0	0
6	应收票据	36 000	30 000	应付票据	360 000	420 000
7	应收账款	870 000	530 000	应付账款	865 900	892 600
8	预付账款	450 000	320 000	预收账款	126 380	153 200
9	应收股利	0	0	应付职工薪酬	531 000	872 600
10	应收利息	0	0	应交税费	156 320	165 000
11	其他应收款	83 000	25 000	应付股利	143 460	653 000
12	存货	4 500 600	6 452 000	其他应付款	150 000	634 020
13	流动资产合计	6 814 900	8 331 000	其他流动负债	2 000	1 880
14	非流动资产：			流动负债合计	2 635 060	3 891 700
15	可供出售的金融资产	0	0	非流动负债：		
16	长期应收款	0	0	长期借款	2 000 000	2 200 000
17	长期股权投资	0	0	应付债券	0	0
18	固定资产	5 850 000	6 075 000	递延所得税负债	18 650	32 300
19	在建工程	83 610	0	其他非流动负债	0	0
20	工程物资		0	非流动负债合计	2 018 650	2 232 300
21	固定资产清理		0	负债合计	4 653 710	6 124 000
22	无形资产	32 000	280 000	所有者权益：		
23	商誉			股本	8 000 000	8 000 000
24	长期待摊费用			资本公积	16 000	16 000
25	递延所得税资产	83 200	88 000	盈余公积	182 000	381 000
26	其他非流动资产			未分配利润	12 000	253 000
27	非流动资产合计	6 048 810	6 443 000	股东权益合计	8 210 000	8 650 000
28	资产总计	12 863 710	14 774 000	负债及股东权益合计	12 863 710	14 774 000

圖 7-1　資產負債表

【分析思路】建立新的工作表「資產負債表結構分析模型」，然後將資產負債表中的項目和期末數據複製到該表中，就可以進行資產負債表的結構分析。具體操作步驟如下：

（1）新建一個 Excel 工作簿，命名為「資產負債表分析」。

（2）在「資產負債表分析」工作簿中，新建一張工作表，命名為「資產負債表結構分析模型」。

（3）根據 2018 年資產負債表資料編製「資產負債表結構分析模型」。

（4）在單元格 C4 輸入公式「＝B2/B28＊100%」，得到貨幣資金占總資產的結構百分比。

（5）選擇 C4 單元格，按住鼠標由單元格 C4 拖動至 C28 處，得到相關項目占總資產的結構百分比。

（6）在單元格 E4 處輸入公式「＝E4/E$28＊100%」，得到短期負債占負債及所有者權益的結構百分比。

（7）選擇 E4 單元格，按住鼠標由單元格 E4 拖動至 E28 單元格中。

（8）C 列和 F 列數字部分區域設置【單元格格式】中的【數字】為【百分比】型，

小數點後面保留兩位。

經過上述步驟操作，即可得到如圖 7-2 所示的結果。

	A	B	C	D	E	F
1			资产负债表结构分析模型			单位金额：元
2	项目	期末数	结构比（%）	项目	期末数	结构比（%）
3	流动资产：			流动负债：		
4	货币资金	974 000	6.59%	短期借款	10 000	0.07%
5	交易性金融资产	0	0.00%	交易性金融负债	0	0.00%
6	应收票据	30 000	0.20%	应付票据	420 000	2.84%
7	应收账款	530 000	3.59%	应付账款	892 600	6.04%
8	预付账款	320 000	2.17%	预收账款	153 200	1.04%
9	应收股利	0	0.00%	应付职工薪酬	872 000	5.90%
10	应收利息	0	0.00%	应交税费	165 000	1.12%
11	其他应收款	25 000	0.17%	应付股利	653 000	4.42%
12	存货	6 452 000	43.67%	其他应付款	634 020	4.29%
13	流动资产合计	8 331 000	56.39%	其他流动负债	1 880	0.01%
14	非流动资产：		0.00%	流动负债合计	3 891 700	26.34%
15	可供出售的金融资产	0	0.00%	非流动负债：		0.00%
16	长期应收款	0	0.00%	长期借款	2 200 000	14.89%
17	长期股权投资	0	0.00%	应付债券	0	0.00%
18	固定资产	6 075 000	41.12%	递延所得税负债	32 300	0.22%
19	在建工程	0	0.00%	其他非流动负债	0	0.00%
20	工程物资	0	0.00%	非流动负债合计	2 232 300	15.11%
21	固定资产清理	0	0.00%	负债合计	6 124 000	41.45%
22	无形资产	280 000	1.90%	所有者权益		0.00%
23	商誉		0.00%	股本	8 000 000	54.15%
24	长期待摊费用		0.00%	资本公积	16 000	0.11%
25	递延所得税资产	88 000	0.60%	盈余公积	381 000	2.58%
26	其他非流动资产		0.00%	未分配利润	253 000	1.71%
27	非流动资产合计	6 443 000	43.61%	股东权益合计	8 650 000	58.55%
28	资产总计	14 774 000	100.00%	负债及股东权益合计	14 774 000	100.00%

圖 7-2　資產負債結構分析模型

為了更直觀地反應企業的總資產結構，還可以從資產的構成和來源兩方面來繪製出企業總資產的結構圖，以餅狀圖表示，如圖 7-3 和圖 7-4 所示。

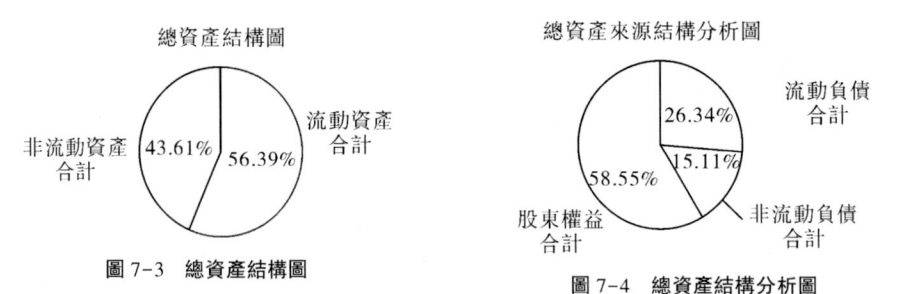

圖 7-3　總資產結構圖

圖 7-4　總資產結構分析圖

7.1.1.2　利潤表結構分析模型

利潤表（損益表）是反應企業在一定時期內的經營成果（盈利或虧損）的實際情況

的財務報表。利潤表可以反應企業在一定時期內的經營成果,可以評價企業利潤計劃的完成情況,可以分析利潤增減變化情況及原因,還可以結合其他資料,預測企業的獲利能力、償債能力、營運能力。

利潤表的結構分析主要是將企業主營業務收入作為總體,計算分析其他各主要項目與主營業務收入的比重,其通常是通過編製結構比利潤表來進行的,重點是分析企業成本費用和利潤與銷售收入的百分比。

【例 7-2】假定 X 公司 2018 年度利潤表如圖 7-5 所示。試對該公司 2018 年度利潤表進行結構分析。

	A	B	C
1		利润表	
2		2016年度	金额单位：元
3	项目	本期金额	上期金额
4	一、营业收入	5 600 000	3 850 000
5	减：营业成本	3 300 000	2 500 000
6	税金及附加	340 000	230 000
7	销售费用	81 000	78 000
8	管理费用	234 000	241 000
9	财务费用	52 000	46 200
10	资产减值损失	0	0
11	加：公允价值收益	0	0
12	投资收益	40 000	5 000
13	二、营业利润	1 633 000	837 800
14	加：营业外收入	65 300	34 000
15	减：营业外支出	16 000	18 700
16	三、利润总额	1 682 300	853 100
17	减：所得税	420 575	213 275
18	四、净利润	1 261 725	639 825
19	五、每股收益		
20	（一）基本每股收益		
21	（二）稀释每股收益		

圖 7-5 利潤表

【分析思路】將 2018 年度利潤表的項目和本年累計數複製並粘貼過來,利用利潤表中的數據資料直接建立模型計算。具體操作步驟如下：

(1) 新建一個 Excel 工作簿,命名為「利潤表分析」。

(2) 在「利潤表分析」工作簿中新建一張工作表,命名為「利潤表結構分析模型」。

(3) 將提供的利潤表數據複製到「利潤表結構分析模型」中,設計結構分析模型。

(4) 在「利潤表結構分析模型」中 C5 處輸入公式「= B5/B $5」,計算出 C5 的結構比。

(5) 利用填充柄完成 C 列的結果。

(6) 設置 C 列單元格格式,選中其中單元格,設置【單元格格式】中的【數字】為【百分比】型,小數點保留兩位。

完成上述操作步驟後，即可得到如圖7-6所示的結構分析模型。

用戶也可以在上述模型的基礎上，繪製利潤表結構分析圖，這樣能夠直觀地顯現出利潤表中各項目占收入的百分比，結果如圖7-7所示。

	A	B	C
1		利润表结构分析模型	
2		2018年度	金额单位：元
3	项目	本年数	
4		实际金额	结构比
5	一、营业收入	5 600 000	100.00%
6	减：营业成本	3 300 000	58.93%
7	税金及附加	340 000	6.07%
8	销售费用	81 000	1.45%
9	管理费用	234 000	4.18%
10	财务费用	52 000	0.93%
11	资产减值损失	0	0.00%
12	加：公允价值收益	0	0.00%
13	投资收益	40 000	0.71%
14	二、营业利润	1 633 000	29.16%
15	加：营业外收入	65 300	1.17%
16	减：营业外支出	16 000	0.29%
17	三、利润总额	1 682 300	30.04%
18	减：所得税	420 575	7.51%
19	四、净利润	1 261 725	22.53%
20	五、每股收益		
21	（一）基本每股收益		
22	（二）稀释每股收益		

圖7-6　利潤表結構分析模型

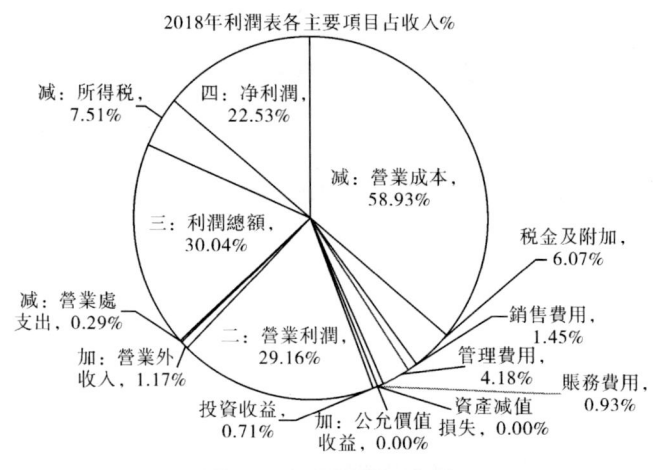

圖7-7　利潤表結構分析圖

7.1.1.3　現金流量表的結構分析模型

現金流量表是以企業現金流量為反應對象的財務狀況變動表，該表反應了企業一定時期內現金的流入和流出情況，同時也反應企業獲得現金和現金等價物的能力。現金流量表的編製基礎是收付實現制。

使用者對現金流量表進行結構分析和趨勢分析，可以知道企業一定時期內現金流量的發生及構成情況，掌握其變動趨勢，並可以進一步預測企業未來現金流量的情況。

現金流量表的結構分析一般包括總體結構和分類結構分析兩個方面。

（1）現金流量表的總體結構分析

現金流量表的總體結構分析是指對企業同一時期現金流量表中不同項目進行比較與分析，分析企業現金流入的主要來源和現金流出的方向，並評價現金流入流出對淨現金流量的影響。

它是以現金流量表中的「現金及現金等價物淨增加額」作為總體，計算分析企業各項活動產生的現金流量占總體的比重情況。其中，現金流量結構比率是單項活動的現金流量與各單項活動流量之和的比率，說明企業現金總流量的構成情況。

現金流量結構比率＝各項活動現金流量/各項活動現金流量之和

【例7-3】假如 X 公司 2016 年、2017 年和 2018 年的現金流量表如圖 7-8 所示，試對該公司現金流量表進行總體結構分析。具體操作步驟如下：

①新建一個 Excel 工作簿，命名為「現金流量表分析」。

②在「現金流量表分析」工作簿中新建一張工作表，將其命名為「現金流量表結構分析——總體結構分析模型」，並將相關項目輸入各單元格。

③然後利用現金流量表中的數據進行計算分析，設置【單元格格式】中【數字】為【百分比】型。

④在「現金流量表分析」工作表，單元格 B4＝´2016-2018 年現金流量表´! C7/（´2016-2018 年現金流量表´! C7+´2016-2018 年現金流量表´! C20+´2016-2018 年現金流量表´! C30）。

⑤單元格 B7＝´2016-2018 年現金流量表´! C20/（´2016-2018 年現金流量表´! C7+´2016-2018 年現金流量表´! C20+´2016-2018 年現金流量表´! C30）。

⑥單元格 B10＝´2016-2018 年現金流量表´! C30/（´2016-2018 年現金流量表´! C7+´2016-2018 年現金流量表´! C20+´2016-2018 年現金流量表´! C30）。

⑦單元格 B14 ＝B4+B7+B10。

⑧選取單元格區域 B4：B14，將其複製到單元格區域 C4：D14，便可得到 2017 年、2018 年的現金流入總體結構。

	A	B	C	D	E
1	X公司2016-2018年现金流量表				金額單位：元
2	項目	行次	2016年	2017年	2018年
3	一、经营活动产生的现金流量	1			
4	销售商品、提供劳务收到的现金	2	8 548 004	8 725 040	7 544 800
5	收到的税费返还	3	148 057	40 803	308 048
6	收到的其他与经营活动有关的现金	4	545 482	648 048	480 805
7	现金流入小计	5	9 241 543	9 413 891	8 333 653
8	购买商品、接受劳务支付的现金	6	4 051 005	5 401 080	4 538 028
9	支付给职工以及为职工支付的现金	7	2 534 216	2 800 653	2 645 814
10	支付的各项税费	8	652 378	680 540	458 180
11	支付的其他与经营活动有关的现金	9	284 931	315 215	141 535
12	现金流出小计	10	7 522 530	9 197 488	7 783 557
13	经营活动产生的现金流量净额	11	1 719 013	216 403	550 096
14	二、投资活动产生的现金流量	12			
15	收回投资所收到的现金	13	455 485	215 125	451 255
16	取得投资收益所收到的现金	14	871 521	515 253	245 541
17	处置固定资产、无形资产和其他长期资产所收到的现金净额外	15	54 642	511 434	151 551
18	处置子公司及其他营业单位收到的现金净额	16	0	0	0
19	收到的其他与投资活动有关的现金	17	465 282	41 521	315 215
20	现金流入小计	18	1 846 930	1 283 333	1 163 562
21	购建固定资产、无形资产和其他长期资产所支付的现金	19	468 713	645 282	243 510
22	投资所支付的现金	20	4 200 000	450 000	215 000
23	支付的其他与投资活动有关的现金	21	131 251	152 550	45 540
24	现金流出小计	22	4 799 964	1 247 832	504 050
25	投资活动产生的现金流量净额	23	-2 953 034	35 501	659 512
26	三、筹资活动产生的现金流量	24			
27	吸收投资所收到的现金	25	2 000 000	2 000 000	1 000 000
28	借款所收到的现金	26	230 000	340 000	320 000
29	收到其他与筹资活动有关的现金	27	0	0	0
30	现金流入小计	28	2 230 000	2 340 000	1 320 000
31	偿还债务所支付的现金	29	380 000	515 355	651 531
32	分配股利、利润或偿付利息所支付的现金	30	1 350 000	1 300 000	153 500
33	支付的其他与筹资活动有关的现金	31	45 252	504 825	535 465
34	现金流出小计	32	1 775 252	2 320 180	1 340 496
35	筹资活动产生现金流量净额	33	454 748	19 820	-20 496
36	四、汇率变动对现金的影响额	34			
37	五、现金及现金等价物净增加额	35	-779 273	271 724	1 189 112
38	加：期初现金及现金等价物	36	5 458 105	512 152	458 121
39	六、期末现金及现金等价物	37	4 678 832	783 876	1 647 233

圖 7-8　現金流量表

依據同樣的原理，計算現金流出結構和現金淨額構成各有關項目，即可得到如圖 7-9 所示的分析模型結果。

	A	B	C	D	E	F	G	H	I	J
1		X公司现金流量的总体结构分析								
2	項目	现金流入构成			现金流出构成			现金净额构成		
3		2016年	2017年	2018年	2016年	2017年	2018年	2016年	2017年	2018年
4	经营活动现金流入小计	69.39%	72.21%	77.04%						
5	经营活动现金流出小计				53.36%	72.05%	80.84%			
6	经营活动产生的现金流量净额							-220.59%	79.64%	46.26%
7	投资活动现金流入小计	13.87%	9.84%	10.76%						
8	投资活动现金流出小计				34.05%	9.78%	5.24%			
9	投资活动产生的现金流量净额							378.95%	13.07%	55.46%
10	筹资活动现金流入小计	16.74%	17.95%	12.20%						
11	筹资活动现金流出小计				12.59%	18.18%	13.92%			
12	筹资活动产生的现金流量净额							-58.36%	7.29%	-1.72%
13	汇率变动对现金的影响额									
14	现金及现金等价物净增加额	100.00%	100.00%	100.00%	100.00%	100.00%	100.00%	100.00%	100.00%	100.00%

圖 7-9　現金流量表總體結構分析

另外，還可以在上述分析模型基礎上，繪製出現金流量結構圖，圖 7-10 是以餅狀圖

表現的 2014 年現金流量結構圖。

	A	B	C	D	E	F	G	H	I	J
1					X公司現金流量的总体结构分析					
2	項目	現金流入构成			現金流出构成			現金净額构成		
3		2016年	2017年	2018年	2016年	2017年	2018年	2016年	2017年	2018年
4	經營活動現金流入小計	69.39%	72.21%	77.04%						
5	經營活動現金流出小計				53.36%	72.05%	80.84%			
6	經營活動產生的現金流量淨額							-220.59%	79.64%	46.28%
7	投資活動現金流入小計	13.87%	9.84%	10.76%						
8	投資活動現金流出小計				34.05%	9.78%	5.24%			
9	投資活動產生的現金流量淨額							378.95%	13.07%	55.46%
10	籌資活動現金流入小計	16.74%	17.95%	12.20%						
11	籌資活動現金流出小計				12.59%	18.18%	13.92%			
12	籌資活動產生的現金流量淨額							-58.36%	7.29%	-1.72%
13	匯率變動對現金的影響額									
14	現金及現金等價物淨增加額	100.00%	100.00%	100.00%	100.00%	100.00%	100.00%	100.00%	100.00%	100.00%

圖 7-10　現金流量結構圖

（2）現金流量表的分類結構分析

現金流量表的分類結構是指對企業一定時期的經營活動、投資活動和籌資活動的現金流入、流出具體項目構成進行的分析。它是以每項經濟活動的現金流量總體為基礎，計算該項活動內各項業務的現金流量占總體的比重，來反應企業各項經濟活動中每一個項目現金流量發生及構成的詳細信息。

【例7-4】我們仍以圖7-8中2016年現金流量表的資料為例，對X公司的現金流量表進行分類結構分析。

【分析思路】在現金流量表的分類結構分析中，可以不涉及總體結構內容，因此為簡化起見，可以建立下列工作表，並將其命名為「現金流量表結構分析——分類結構分析」。然後利用2016年現金流量表的數據進行計算分析，設置【單元格格式】中【數字】為【百分比】型，小數點後保留兩位。具體操作步驟如下：

①打開「現金流量分析」工作簿，新建一張工作表，命名為「現金流量表結構分析—分類結構分析」。

②將工作簿中的2016年現金流量表數據複製到「現金流量表結構分析—分類結構分析」中，並按分類結構設計分析模型。

③在單元格區域C4：C7輸入數組公式 ｛＝B4：B7/B7｝。

④在單元格區域C15：C20輸入數組公式 ｛＝B15：B20/B20｝。

⑤在單元格區域 C27：C30 輸入數組公式 {=B27：B307/B30}。
⑥在單元格區域 D8：D12 輸入數組公式 {=B8：B12/B12}。
⑦在單元格區域 D21：D252 輸入數組公式 {=B21：B25/B25}。
⑧在單元格區域 D31：D34 輸入數組公式 {=B31：B34/B34}。
⑨最後按 CTRL+SHIFT+ENTER 組合鍵確認。

按上述步驟操作後，就可以得到如圖 7-11 所示的結果。

	A	B	C	D
1	現金流量表分类建构分析			
2	项目	2016年	现金流入构成	现金流出构成
3	一、经营活动产生的现金流量			
4	销售商品、提供劳务收到的现金	8 548 004	92.50%	
5	收到的税费返还	148 057	1.60%	
6	收到的其他与经营活动有关的现金	545 482	5.90%	
7	现金流入小计	9 241 543	100.00%	
8	购买商品、接受劳务支付的现金	4 051 005		53.85%
9	支付给职工以及为职工支付的现金	2 534 216		33.69%
10	支付的各项税费	652 378		8.67%
11	支付的其他与经营活动有关的现金	284 931		3.79%
12	现金流出小计	7 522 530		100.00%
13	经营活动产生的现金流量净额	1 719 013		
14	二、投资活动产生的现金流量			
15	收回投资所收到的现金	455 485	24.66%	
16	取得投资收益所收到的现金	871 521	47.19%	
17	处置固定资产、无形资产和其他长期资产所收到的现金净额外	54 642	2.96%	
18	处置子公司及其他营业单位收到的现金净额	0	0.00%	
19	收到的其他与投资活动有关的现金	465 282	25.19%	
20	现金流入小计	1 846 930	100.00%	
21	购建固定资产、无形资产和其他长期资产所支付的现金	468 713		9.76%
22	投资所支付的现金	4 200 000		87.50%
23	支付的其他与投资活动有关的现金	131 251		2.73%
24	现金流出小计	4 799 964		100.00%
25	投资活动产生的现金流量净额	-2 953 034		
26	三、筹资活动产生的现金流量			
27	吸收投资所收到的现金	2 000 000	89.69%	
28	借款所收到的现金	2 300 000	10.31%	
29	收到其他与筹资活动有关的现金	0	0.00%	
30	现金流入小计	2 230 000	100.00%	
31	偿还债务所支付的现金	380 000		21.41%
32	分配股利、利润或偿付利息所支付的现金	1 350 000		76.05%
33	支付的其他与筹资活动有关的现金	45 252		2.55%
34	现金流出小计	1 775 252		100.00%
35	筹资活动产生现金流量净额	454 748		
36	四、汇率变动对现金的影响额			
37	五、现金及现金等价物净增加额	-779 273		

圖 7-11　現金流量表結構分析

7.1.2　趨勢分析模型

趨勢分析法又叫比較分析法、水準分析法，它是通過對財務報表中各類相關數字資料，將兩期或多期連續的相同指標或比率進行定基對比和環比對比，得出它們的增減變動

132

方向、數額和幅度，以揭示企業財務狀況、經營情況和現金流量變化趨勢的一種分析方法。採用趨勢分析法通常要編製比較會計報表。

7.1.2.1　資產負債表趨勢分析模型

資產負債表趨勢分析一般是採用連續幾期財務報表數據（通常至少 3 期的財務數據），分析財務單位的各期經營狀況及其變化趨勢的方法。相關人員通過連續幾期財務數據的比較，可以大體瞭解企業的發展趨勢和變化情況，同時還可以進一步分析企業發生變化的原因。一般情況下，企業各年度的各項財務指標波動的幅度應該不大。我們所要關注的是某一年度異常的變動，這種異常變動包括某一年度的指標突然趨向有利方向或是不利方向，以及波動幅度突然增大。找出指標異動的年度，重點分析這一年度與指標變動有關的因素，我們通常可以通過編製比較資產負債表來進行。為了全面地反應財務指標的變動趨勢，應該在使用報表的絕對數進行增減變動比較的同時，計算出增減變動幅度的百分比，從相對意義上進行比較，使分析更具有實際意義。當然我們也可以通過幾期的結構百分比數據來進行分析。

【例 7-5】假定 X 公司 2016 年的資產負債表如圖 7-12 所示，試對該企業近三年的資產負債表各項目的發展趨勢進行分析。

	A	B	C	D	E	F
1	2016 年资产负债表					单位金额：元
2	项目	年初金额	年末金额	项目	年初金额	年末金额
3	流动资产：			流动负债：		
4	货币资金	280 650	612 600	短期借款	200 000	300 000
5	交易性金融资产	0	0	交易性金融负债	0	0
6	应收票据	26 000	260 000	应付票据	480 000	360 000
7	应收账款	340 000	846 630	应付账款	515 412	865 900
8	预付账款	360 000	483 000	预收账款	121 150	126 380
9	应收股利	0	0	应付职工薪酬	531 000	872 350
10	应收利息	0	0	应交税费	156 320	156 320
11	其他应收款	75 000	86 000	应付股利	143 460	143 460
12	存货	2 419 832	2 016 830	其他应付款	210 000	130 000
13	流动资产合计	3 501 482	4 305 060	其他流动负债	2 000	1 000
14	非流动资产：			流动负债合计	2 359 342	2 955 410
15	可供出售的金融资产	0	0	非流动负债：		
16	长期应收款	0	0	长期借款	2 500 000	2 300 000
17	长期股权投资	0	0	应付债券	0	
18	固定资产	6 400 000	5 850 000	递延所得税负债	21 340	18 650
19	在建工程	73 000	125 000	其他非流动负债	0	
20	工程物资		0	非流动负债合计	2 521 340	2 318 650
21	固定资产清理		0	负债合计	4 880 682	5 274 060
22	无形资产	41 000	180 000	所有者权益：		
23	商誉		0	股本	5 000 000	5 000 000
24	长期待摊费用			资本公积	16 000	17 800
25	递延所得税资产	73 200	23 800	盈余公积	160 000	180 000
26	其他非流动资产			未分配利润	32 000	12 000
27	非流动资产合计	6 587 200	6 178 800	股东权益合计	5 208 000	5 209 800
28	资产总计	10 088 682	10 483 860	负债及股东权益合计	10 088 682	10 483 860

圖 7-12　2016 年資產負債表

【分析思路】建立新的工作表「資產負債表趨勢分析模型」，利用 2016 年資產負債表中的數據資料和 2018 年資產負債表數據資料進行趨勢分析，趨勢分析數據中一般採用環比法。所謂環比法就是指相鄰兩期中本期的數據和上一期的數據進行對比計算出各項目的增減額和增減的百分比。具體操作步驟如下：

（1）在「資產負債表分析」工作簿中新建一張工作表，命名為「2015—2018 年資產負債表」，編製 2015—2018 年資產負債表。

（2）在「資產負債表分析」工作簿中新建一張工作表，命名為「資產負債表趨勢分析模型」。

（3）在模型中單元格 B5 輸入公式「='2015—2018 年資產負債表'! C4-'2015—2018 年資產負債表'! B4」。

（4）在模型中單元格 C5 處輸入公式「=B5/'2015—2018 年資產負債表'! B4」。

（5）在模型中單元格 D5 處輸入公式「='2015—2018 年資產負債表'! D4-'2015—2018 年資產負債表'! C4」。

（6）在模型中單元格 E5 處輸入公式「=D5/'2015—2018 年資產負債表'! C4」。

（7）在模型中單元格 F5 處輸入公式「='2015—2018 年資產負債表'! E4-'2015—2018 年資產負債表'! D4」。

（8）在模型中單元格 G5 處輸入公式「=F5/'2015—2018 年資產負債表'! D4」。

（9）按上述同樣操作方法完成 I—N 列的操作，然後利用填充完成全部數據的計算。

將 C、E、G、J、L、N 列區域設置【單元格格式】中的【數字】為【百分比】型，小數點後保留兩位。

完成上述操作步驟，即可得到如圖 7-13 所示的分析結果。

2015--2018年资产负债表　　单位金额：元

项目	2013年	2014年	2015年	2016年	项目	2013年	2014年	2015年	2016年
流动资产：					流动负债：				
货币资金	280 650	612 600	875 300	974 000	短期借款	200 000	300 000	300 000	10 000
交易性金融资产	0	0	0	0	交易性金融负债	0	0	0	0
应收票据	26 000	260 000	36 000	30 000	应付票据	480 000	360 000	360 000	420 000
应收账款	340 000	846 630	870 000	530 000	应付账款	515 412	865 900	865 900	892 600
预付账款	360 000	483 000	450 000	320 000	预收账款	121 150	126 380	126 380	153 200
应收股利	0	0	0	0	应付职工薪酬	531 000	872 350	531 000	872 000
应收利息	0	0	0	0	应交税费	156 320	156 320	156 320	165 000
其他应收款	75 000	86 000	83 000	25 000	应付股利	143 460	143 460	143 460	653 000
存货	2 419 832	2 016 830	4 500 600	6 452 000	其他应付款	210 000	130 000	150 000	634 020
流动资产合计	3 501 482	4 305 060	6 814 900	8 331 000	其他流动负债	2 000	1 000	2 000	1 880
非流动资产：					流动负债合计	2 359 342	2 955 410	2 635 060	3 891 700
可供出售的金融资产	0	0	0	0	非流动负债：				
长期应收款	0	0	0	0	长期借款	2 500 000	2 300 000	2 000 000	2 200 000
长期股权投资	0	0	0	0	应付债券	0		0	0
固定资产	6 400 000	5 850 000	5 850 000	6 075 000	递延所得税负债	21 340	18 650	18 650	32 300
在建工程	73 000	125 000	83 610	0	其他非流动负债	0		0	0
工程物资		0		0	非流动负债合计	2 521 340	2 318 650	2 018 650	2 232 300
固定资产清理		0		0	负债合计	4 880 682	5 274 060	4 653 710	6 124 000
无形资产	41 000	180 000	32 000	280 000	所有者权益：				
商誉		0			股本	5 000 000	5 000 000	8 000 000	8 000 000
长期待摊费用					资本公积	16 000	17 800	16 000	16 000
递延所得税资产	73 200	23 800	83 200	88 000	盈余公积	160 000	180 000	182 000	381 000
其他非流动资产					未分配利润	32 000	12 000	12 000	253 000
非流动资产合计	6 587 200	6 178 800	6 048 810	6 443 000	股东权益合计	5 208 000	5 209 800	8 210 000	8 650 000
资产总计	10 088 682	10 483 860	12 863 710	14 774 000	负债及股东权益合计	10 088 682	10 483 860	12 863 710	14 774 000

圖 7-13　資產負債表趨勢分析

另外，還可以根據 2015—2018 年資產負債表的資料，繪製企業資產、負債及所有者

權益有關項目的變化圖（折線圖或柱狀圖），如圖 7-14 所示。

下面以折線圖為例，其操作步驟如下：

（1）點擊【插入】選擇【圖表】中的【折線圖】，根據分析要求選擇不同類型的折線圖。

（2）在打開的【折線圖】中單擊右鍵，選取【選擇數據源】。

（3）在【選擇數據源】對話框中，點擊添加數據。

（4）在打開的編輯數據源對話框中，在圖例系列中點擊【添加】，分別從 2015—2018 年資產負債表中選取流動資產和非流動資產，同時在數據區域選取數據。

（5）在水準軸標籤中通過編輯選取時間數據。

（6）完成後，點擊【確定】，得到資產趨勢折線圖。

按上面的步驟操作同樣可以得到負債及所有者權益趨勢折線圖。

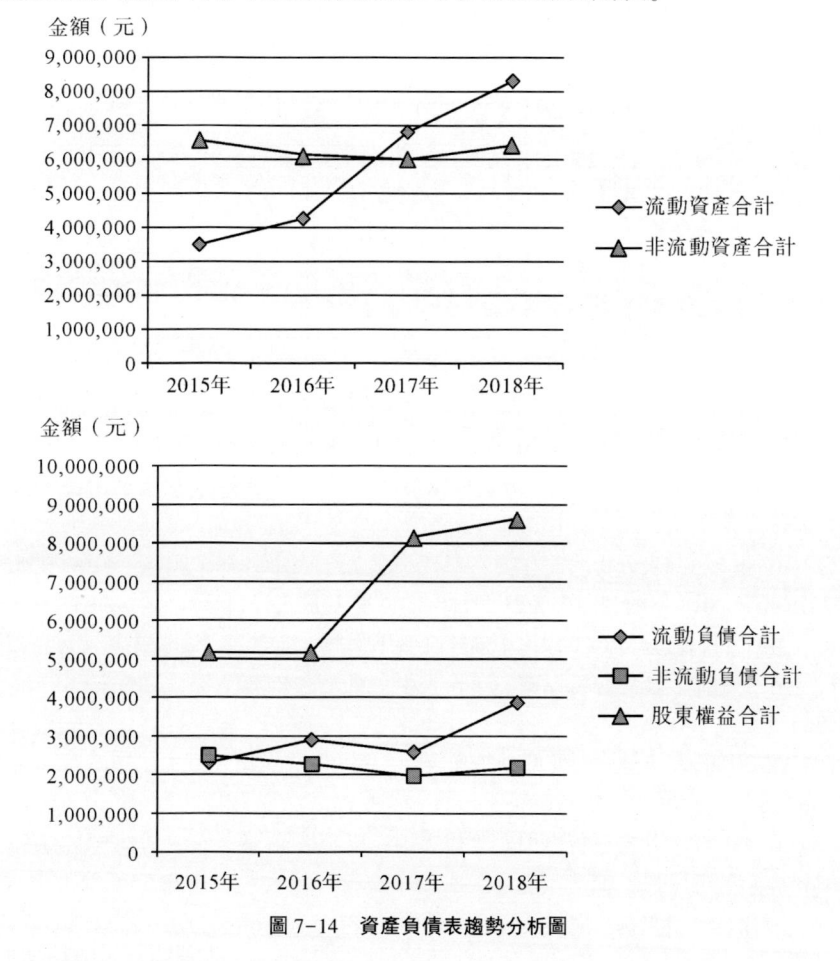

圖 7-14　資產負債表趨勢分析圖

7.1.2.2 利潤表的趨勢分析模型

利潤表趨勢分析就是利用連續幾期（一般為 3~5 期）利潤表中的相關數據資料，對比分析企業經營成果狀況及變化趨勢，並在此基礎上進一步分析企業經營成果發生變化的原因，以便企業更好地進行下一個循環的經營決策。

【例 7-6】假如 X 公司 2015—2018 年的利潤表如圖 7-15 所示。利用該資料對 X 公司的利潤表進行趨勢分析。

	A	B	C	D	E
1		2015--2018年利润表			
2					金额单位：元
3	项目	2015年	2016年	2017年	2018年
4					
5	一、营业收入	3 197 000	3 280 000	3 850 000	5 600 000
6	减：营业成本	1 911 800	1 968 000	2 500 000	3 300 000
7	税金及附加	157 300	163 000	230 000	340 000
8	销售费用	52 800	54 620	78 000	81 000
9	管理费用	159 800	168 920	241 000	234 000
10	财务费用	34 800	31 800	46 200	52 000
11	资产减值损失	0	0	0	0
12	加：公允价值收益				
13	投资收益	3 000	4 000	5 000	40 000
14	二、营业利润	883 500	897 660	837 800	1 633 000
15	加：营业外收入	10 500	38 120	34 000	65 300
16	减：营业外支出	8 700	12 850	18 700	16 000
17	三、利润总额	885 300	922 930	853 100	1 682 300
18	减：所得税	221 325	230 732.5	213 275	420 575
19	四、净利润	663 975	692 197.5	639 825	1 261 725
20	五、每股收益				
21	（一）基本每股收益				
22	（二）稀释每股收益				

圖 7-15 利潤表

【分析思路】根據 2016 年和 2018 年的利潤表資料編製 2015—2018 年利潤表，建立一個新的工作表命名為「利潤表趨勢分析模型」或「比較利潤表」，然後利用各年利潤表中的資料進行計算分析。具體操作步驟如下：

（1）打開「利潤表分析」工作簿，新建一張工作表命名為「2015—2018 年利潤表」，根據 2016 年和 2018 年的利潤表編製 2015—2018 年利潤表資料。

（2）在「利潤表分析」工作簿中新建一張工作表，命名為「利潤表趨勢分析模型」。

（3）在「利潤表趨勢分析模型」工作表中，單元格 F6 輸入公式「F6＝C6-B6」，「G6＝F6/B6」。

（4）在「利潤表趨勢分析模型」工作表中，單元格 H6 輸入公式「H6＝D6-C6」，「I6＝H6/C6」。

（5）在「利潤表趨勢分析模型」工作表中，單元格 J6 輸入公式「J6＝E6-D6」，「K6＝J6/D6」。

（6）利用自動填充柄，完成其餘表內數據的計算。

（7）選中百分比各列的數字區域，設置【單元格格式】中【數字】為【百分比】型，小數點保留兩位。

在上述分析的基礎上，同樣可以繪製收入、成本、利潤趨勢圖，如圖 7-16 和圖 7-11 所示。

項目	2015	2016	2017	2018	2016 增減額	2016 增減%	2017 增減額	2017 增減%	2018 增減額	2018 增減%
一、營業收入	3 197 000	3 280 000	3 850 000	5 600 000	83 000	2.60%	570 000	17.38%	1 750 000	45.45%
減：營業成本	1 911 800	1 968 000	2 500 000	3 300 000	56 200	2.94%	532 000	27.03%	800 000	32.00%
稅金及附加	157 300	163 000	230 000	340 000	5 700	3.62%	67 000	41.10%	110 000	47.83%
銷售費用	52 800	54 620	78 000	81 000	1 820	3.45%	23 380	42.80%	3 000	3.85%
管理費用	159 800	168 920	241 000	234 000	9 120	5.71%	72 080	42.67%	-7 000	-2.90%
財務費用	34 800	31 800	46 200	52 000	-3 000	-8.62%	14 400	45.28%	5 800	12.55%
資產減值損失	0	0	0	0						
加：公允價值收益	0	0	0	0						
投資收益	3 000	4 000	5 000	40 000	1 000	33.33%	1 000	25.00%	35 000	700.00%
二、營業利潤	883 500	897 660	837 800	1 633 000	14 160	1.60%	-59 860	-6.67%	795 200	94.92%
加：營業外收入	10 500	38 120	34 000	65 300	27 620	263.05%	-4 120	-10.81%	31 300	92.06%
減：營業外支出	8 700	12 850	18 700	16 000	4 150	47.70%	5 850	45.53%	-2 700	-14.44%
三、利潤總額	885 300	922 930	853 100	1 682 300	37 630	4.25%	-69 830	-7.57%	829 200	97.20%
減：所得稅	221 325	230 732.5	213 275	420 575	9 407.5	4.25%	-17 457.5	-7.57%	207 300	97.20%
四、淨利潤	663 975	692 197.5	639 825	1 261 725	28 222.5	4.25%	-52 372.5	-7.57%	621 900	97.20%
五、每股收益										
（一）基本每股收益										
（二）稀釋每股收益										

圖 7-16　利潤表趨勢分析模型

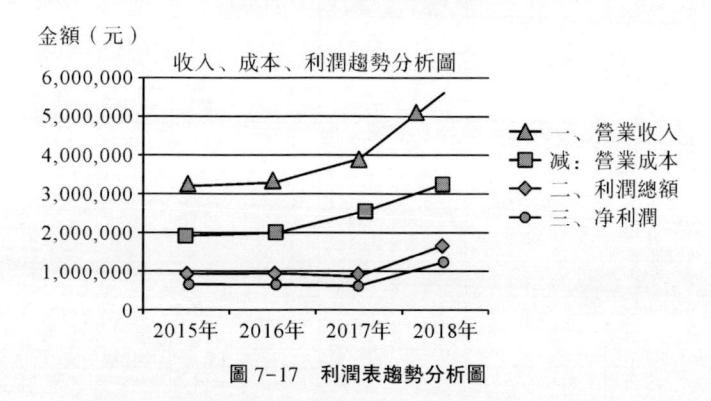

圖 7-17　利潤表趨勢分析圖

7.1.2.3　現金流量表的趨勢分析模型

現金流量表的趨勢分析就是利用連續幾期（一般為 3~5 期）現金流量表中的相關數據資料，對比分析企業各種經濟活動產生的現金流量的變動趨勢的一種分析方法。企業也可以在此基礎上進一步分析現金流量發生變化的原因，以便更好地進行下一個循環的經營決策。

【例 7-7】對 X 公司 2016—2018 年的現金流量表的發展趨勢進行分析。

【分析思路】建立新的工作表，將其命名為「現金流量表的趨勢分析模型」，然後根

據現金流量表中的資料，採用環比法計算各年較上年的增減額和增減百分比。具體操作步驟如下：

（1）打開「現金流量分析」工作簿，新建一張工作表命名為「現金流量表趨勢分析模型」。

（2）在「現金流量表趨勢分析模型」中，複製現金流量數據，設計分析模型。

（3）在「現金流量表趨勢分析模型」中，單元格 D5＝C5－B5。

（4）在「現金流量表趨勢分析模型」中，單元格 E5 ＝D5/B5，並設置【單元格格式】中【數字】為【百分比】型，保留兩位小數。

（5）在「現金流量表趨勢分析模型」中，單元格 G5 ＝F5－C5。

（6）在「現金流量表趨勢分析模型」中，單元格 H5 ＝G5/C5，並設置【單元格格式】中【數字】為【百分比】型，保留兩位小數。

（7）用自動填充選項完成其餘數字的計算，結果如圖 7-18 所示。

	A	B	C	D	E	F	G	H
1	现金流量表趋势分析模型							
2	项目	2016年	2017年			2018年		
3			金额	增加额	增减率%	金额	增加额	增减率%
4	一、经营活动产生的现金流量							
5	销售商品、提供劳务收到的现金	8 548 004	8 725 040	177 036	2.07%	7 544 800	-1 180 240	-13.53%
6	收到的税费返还	148 057	40 803	-107 254	-72.44%	308 048	267 245	654.96%
7	收到的其他与经营活动有关的现金	545 482	648 048	102 566	18.80%	480 805	-167 243	-25.81%
8	现金流入小计	9 241 543	9 413 891	172 348	1.86%	8 333 653	-1 080 238	-11.47%
9	购买商品、接受劳务支付的现金	4 051 005	5 401 080	1 350 075	33.33%	4 538 028	-863 052	-15.98%
10	支付给职工以及为职工支付的现金	2 534 216	2 800 653	266 437	10.51%	2 645 814	-154 839	-5.53%
11	支付的各项税费	652 378	680 540	28 162	4.32%	458 180	-222 360	-32.67%
12	支付的其他与经营活动有关的现金	284 931	315 215	30 284	10.63%	141 535	-173 680	-55.10%
13	现金流出小计	7 522 530	9 197 488	1 674 958	22.27%	7 783 557	-1 413 931	-15.37%
14	经营活动产生的现金流量净额	1 719 013	216 403	-1 502 610	-87.41%	550 096	333 693	154.20%
15	二、投资活动产生的现金流量						0	
16	收回投资所收到的现金	455 485	215 125	-240 360	-52.77%	451 255	236 130	109.76%
17	取得投资收益所收到的现金	871 521	515 253	-356 268	-40.88%	245 541	-269 712	-52.35%
18	处置固定资产、无形资产和其他长期资产所收到的现金净额外	54 642	511 434	456 792	835.97%	151 551	-359 883	-70.37%
19	处置子公司及其他营业单位收到的现金净额	0	0	0		0	0	
20	收到的其他与投资活动有关的现金	465 282	41 521	-423 761	-91.08%	315 215	273 694	659.17%
21	现金流入小计	1 846 930	1 283 333	-563 597	-30.52%	1 163 562	-119 771	-9.33%
22	购建固定资产、无形资产和其他长期资产所支付的现金	468 713	645 282	176 569	37.67%	243 510	-401 772	-62.26%
23	投资所支付的现金	4 200 000	450 000	-3 750 000	-89.29%	215 000	-235 000	-52.22%
24	支付的其他与投资活动有关的现金	131 251	152 550	21 299	16.23%	45 540	-107 010	-70.15%
25	现金流出小计	4 799 964	1 247 832	-3 552 132	-74.00%	504 050	-743 782	-59.61%
26	投资活动产生的现金流量净额	-2 953 034	35 501	2 988 535	-101.20%	659 512	624 011	1 757.73%
27	三、筹资活动产生的现金流量			0			0	
28	吸收投资所收到的现金	2 000 000	2 000 000	0	0.00%	1 000 000	-1 000 000	-50.00%
29	借款所收到的现金	230 000	340 000	110 000	47.83%	320 000	-20 000	-5.88%
30	收到其他与筹资活动有关的现金	0	0	0		0	0	
31	现金流入小计	2 230 000	2 340 000	110 000	4.93%	1 320 000	-1 020 000	-43.59%
32	偿还债务所支付的现金	380 000	515 355	135 355	35.62%	651 531	136 176	26.42%
33	分配股利、利润或偿付利息所支付的现金	1 350 000	1 300 000	-50 000	-3.70%	153 500	-1 146 500	-88.19%
34	支付的其他与筹资活动有关的现金	45 252	504 825	459 573	1 015.59%	535 465	30 640	6.07%
35	现金流出小计	1 775 252	2 320 180	544 928	30.70%	1 340 496	-979 684	-42.22%
36	筹资活动产生现金流量净额	454 748	19 820	-434 928	-95.64%	-20 496	-40 316	-203.41%
37	四、汇率变动对现金的影响额	0	0	0			0	
38	五、现金及现金等价物净增加额	-779 273	271 724	1 050 997	-134.87%	1 189 112	917 388	337.62%
39	加：期初现金及现金等价物	5 458 105	512 152	-4 945 953	-90.62%	458 121	-54 031	-10.55%
40	六、期末现金及现金等价物	4 678 832	783 876	-3 894 956	-83.25%	1 647 233	863 357	110.14%

圖 7-18　現金流量趨勢分析模型

7.2 基於 Excel 的財務比率分析

財務比率分析是把財務報表中的一些相關項目進行對比，得出一系列的財務比率，以發現和評價企業財務現狀、揭示經營中存在問題的一種財務分析方法。

【任務描述】

以 X 公司 2003—2006 年的三大財務報表為例，運用財務比率分析法對企業的償債能力、營運能力、盈利能力、發展能力進行分析，並建立相應的模型。

【任務目標】

1. 建立企業償債能力分析模型。
2. 建立企業營運能力分析模型。
3. 建立企業盈利能力分析模型。
4. 建立企業發展能力分析模型。

【任務分析】

針對上述任務，根據 X 公司的三大財務報表數據，利用 Excel 的公式與函數，分別建立相應的分析模型。

【任務實施】

7.2.1 企業償債能力分析模型

我們知道，企業的償債能力分析包括短期償債能力分析和長期償債能力分析。所以，反應企業償債能力的財務比率主要有兩個方面：一是衡量企業短期償債能力的指標，包括流動比率、速動比率和現金比率三項；二是衡量企業長期償債能力的指標，包括資產負債率、權益乘數、產權比率和已獲利息倍數等指標。

關於上述反應企業償債能力財務比率指標的計算公式，我們已經學過，歸納如下：

流動比率（倍數）＝流動資產÷流動負債

速動比率（倍數）＝速動資產÷流動負債

現金比率（倍數）＝貨幣資產÷流動負債

資產負債率＝（負債總額÷資產總額）×100%

權益乘數（倍數）＝資產總額÷股東權益總額

產權比率＝（負債總額÷股東權益總額）×100%

已獲利息倍數（倍數）＝（利潤總額+利息費用）÷利息費用

【例 7-8】我們仍以 X 公司 2016 年的資產負債表和利潤表的資料為例，試對該企業的償債能力進行相關比率分析。

由於財務比率分析是利用已有的資產負債表和利潤表資料進行計算分析的，所以在建立分析模型時，需要打開和使用本章前面的資產負債表和利潤表，然後進行相關操作。為了方便起見，我們也可以把 2016 年的資產負債表和利潤表複製到一個新的工作簿中，從而進行相關的財務比率分析。

【分析思路】新建一個工作簿，命名為「財務比率分析」，先將 2016 年的資產負債表和利潤表分別複製到該工作簿的兩個工作表中，表名分別命名為「2016 年資產負債表」和「2016 年利潤表」。同時再建立一個新的工作表，命名為「財務比率分析模型——償債能力分析」，填寫好反應企業償債能力的財務比率。具體操作步驟如下：

（1）新建一個 Excel 工作簿，命名為「財務比率分析」。

（2）先將 2016 年的資產負債表和利潤表分別複製到該工作簿的兩個工作表中，表名分別命名為「2016 年資產負債表」和「2016 年利潤表」。

（3）在「財務比率分析」工作簿中新建一張工作表，命名為「財務比率分析——償債能力分析」。

（4）在「財務比率分析——償債能力分析」單元格 B5 輸入公式「='2016 年資產負債表'! C13/'2016 年資產負債表'! F14」。

（5）在「財務比率分析——償債能力分析」單元格 B6 輸入公式「=（'2016 年資產負債表'! C13-'2016 年資產負債表'! C12）/'2016 年資產負債表'! F14」。

（6）在「財務比率分析——償債能力分析」單元格 B7 輸入公式「=（'2016 年資產負債表'! C4+'2016 年資產負債表'! C5）/'2016 年資產負債表'! F14」。

（7）在「財務比率分析——償債能力分析」單元格 B9 輸入公式「='2016 年資產負債表'! F21/'2016 年資產負債表'! C28」。

（8）在「財務比率分析——償債能力分析」單元格 B10 輸入公式「='2016 年資產負債表'! C28/'2016 年資產負債表'! F27」。

（9）在「財務比率分析——償債能力分析」單元格 B11 輸入公式「='2016 年資產負債表'! F21/'2016 年資產負債表'! F27」。

（10）在「財務比率分析——償債能力分析」單元格 B12 輸入公式「=（'2016 年利潤表'! B9+'2016 年利潤表'! B16）/'2016 年利潤表'! B9」。

根據指標常規表達方式，分別設置【單元格格式】中【數字】項目為「數值」型或「百分比」型即可。

完成上述操作過程，即可得到償債能力分析模型的最後結果，如圖 7-19 所示。

	A	B
1	財務比率分析--償債能力分析	
2		
3	財務比率名稱	財務比率
4	一、短期償債能力	
5	流動比率（倍數）	2.14
6	速動比率（倍數）	0.48
7	現金比率（倍數）	0.25
8	二、長期償債能力	
9	資產負債率（%）	0.41
10	權益乘數（倍數）	1.71
11	產權比率（%）	0.71
12	已獲利息倍數（倍數）	33.35

圖 7-19　償債能力分析模型與結果（一）

當然，為了更直觀起見，在創建「財務比率分析模型——償債能力分析」工作表時，可以先將償債能力分析所需要的相關基礎數據資料轉填到該表上，建立「基本數據區域」，再建立「償債能力分析區域」，進行相應的操作，這樣就不必在計算過程中打開前面的資產負債表和利潤表了，該模型如圖 7-20 所示。

	A	B	C	D	E
1	財務比率分析模型--償債能力分析				
2	基礎數據區域			分析區域	
3	項目	金額（元）		財務比率名稱	財務比率
4	貨幣資金	974 000		一、短期償債能力	
5	交易性金融資產	0		流動比率（倍數）	2.14
6	存貨	6 452 000		速動比率（倍數）	0.48
7	流動資產合計	8 331 000		現金比率（倍數）	0.25
8	資產總額	14 774 000		二、長期償債能力	
9	流動負債合計	3 891 700		資產負債率（%）	2.41
10	負債合計	6 124 000		權益乘數（倍數）	1.71
11	股東權益總額	8 650 000		產權比率（%）	0.71
12	財務費用（利息）	52 000		已獲利息倍數（倍數）	25.26
13	利潤總額	1 261 725			

圖 7-20　償債能力分析模型與結果（二）

7.2.2　企業營運能力分析模型

營運能力分析又稱營運效率分析或經營能力分析，是用來反應企業經營資產的週轉情況和資產管理效率的財務比率，所以也稱作資產管理比率。反應企業營運能力的財務比率主要包括存貨週轉率、應收帳款週轉率、流動資產週轉率和總資產週轉率等。

營運能力分析所需要的數據來源於資產負債表和利潤表等有關資料。其計算公式如下：

$$存貨週轉率（次數）= 營業成本/平均存貨$$

應收帳款週轉率（次數）＝賒銷收入總額/平均應收帳款
流動資產週轉率（次數）＝營業收入/平均流動資產
總資產週轉率（次數）＝營業收入/平均總資產
資產保值增值率＝（期末股東權益總額/期初股東權益總額）×100%

根據以上公式，結合前面的資產負債表和利潤表資料，就可以建立企業營運能力分析模型進行相關分析了。

【例7-9】現在我們仍以前面的資產負債表和利潤表資料為例，對企業的營運能力進行分析。

同償債能力分析一樣，仍然需要打開和使用前面的資產負債表和利潤表所在的工作表，直接調用表中的相關數據，然後進行相關操作。這裡為簡便起見，我們假定企業的銷售收入均為賒銷收入。

【分析思路】建立新的工作表並命名為「財務比率分析模型——營運能力分析」，填寫好反應企業營運能力的相關財務比率。因為計算這些財務比率時需要運用相關資產的平均值，所以可以先計算這些資產的平均值，再按公式計算相關財務比率，據此建立模型，如圖7-22所示。具體操作步驟如下：

（1）打開「財務比率分析」工作簿，新建一張工作表命名為「財務比率分析模型——營運能力分析」。

（2）根據營運能力指標體系建立「財務比率分析模型——營運能力分析模型」。

（3）在「財務比率分析模型—營運能力分析模型」單元格B3輸入公式「=（'2016年資產負債表'!B12+'2016年資產負債表'!C12）/2」。

（4）用同樣方法計算B4至B6單元格數額。

（5）單元格B7、B8、B9、B10單元格直接由資產負債表和利潤表中的數值複製過來即可。

（6）在「財務比率分析模型——營運能力分析」單元格B12輸入公式「=B10/B3」。

（7）在「財務比率分析模型——營運能力分析」單元格B13輸入公式「=B9/B4」。

（8）在「財務比率分析模型——營運能力分析」單元格B14輸入公式「=B9/B5」。

（9）在「財務比率分析模型——營運能力分析」單元格B15輸入公式「=B9/B6」。

（10）在「財務比率分析模型——營運能力分析」單元格B16輸入公式「=B7/B8」。

（11）根據常規表達方式，設置相應的單元格格式。

完成上述操作過程，即可得到如圖7-21所示的結果。

	A	B
1	營能力分析模型	
2	項目	數額（元）
3	平均存貨	5 476 300
4	平均應收賬款	700 000
5	平均流動資產	7 572 950
6	平均資產總額	13 818 855
7	期末股東權益總額	8 650 000
8	期初股東權益總額	8 210 000
9	營業收入	5 600 000
10	營業成本	3 300 000
11		比率
12	存貨周轉率（次數）	0.60
13	應收賬款周轉率（次數）	8.00
14	流動資產周轉率（次數）	0.74
15	總資產周轉率（次數）	0.41
16	資本保值增值率（%）	105.36%

圖 7-21　營運能力分析模型與結果

在進行營運能力分析時，同樣可以在「財務比率分析模型——營運能力分析」工作表上分別建立基本數據區域和分析區域，這樣就不必再從資產負債表和利潤表上提取數據了。

7.2.3　企業盈利能力分析模型

盈利能力分析也稱獲利能力分析。通俗地講，就是指對企業賺取利潤的能力的分析，這是企業內外各方面都十分關心的問題。反應企業盈利能力的主要財務指標包括營業利潤率、成本費用利潤率、總資產報酬率和淨資產收益率等。

以上財務指標的計算公式為：

營業利潤率＝（營業利潤/營業收入淨額）×100%

成本費用利潤率＝（利潤總額/成本費用總額）×100%

總資產報酬率＝（利潤總額/平均總資產）×100%

淨資產收益率＝（淨利潤/平均淨資產）×100%

根據上面的公式，結合企業資產負債表和利潤表，我們可以運用 Excel 建立「企業盈利能力分析模型」進行相關分析。

【例 7-10】我們可以繼續以前面資產負債表和利潤表中的資料為例，對企業的盈利能力進行分析。

由於仍然需要應用資產負債表和利潤表的資料，所以應繼續打開和使用前述的資產負債表和利潤表所在的工作表，直接調用表中的相關數據，進行相關操作。

【分析思路】建立新的工作表命名為「財務比率分析模型——盈利能力分析」，填寫反應企業盈利能力的相關財務比率。具體操作步驟如下：

（1）打開「財務比率分析」工作簿新建一張工作表，命名為「財務比率分析模型——盈利能力分析」。

(2) 在「盈利能力分析」工作表中按盈利能力指標設計分析模型。

(3) 在「盈利能力分析」工作表中單元格 B3 輸入公式「='2016 年利潤表'! B13/'2016 年利潤表'! B4」。

(4) 在「盈利能力分析」工作表中單元格 B4 輸入公式「='2016 年利潤表'! B16/（'2016 年利潤表'! B5+'2016 年利潤表'! B6+'2016 年利潤表'! B7+'2016 年利潤表'! B8+'2016 年利潤表'! B9）」。

(5) 在「盈利能力分析」工作表中單元格 B5 輸入「='2016 年利潤表'! B16/（'2016 年資產負債表'! B28+'2016 年資產負債表'! C28）/2」。

(6) 在「盈利能力分析」工作表中單元格 B6 輸入「='2016 年利潤表'! B18/（'2016 年資產負債表'! E27+'2016 年資產負債表'! F27）/2」。

(7) 將計算結果的單元格格式中【數字】設置為「百分比」型。

完成上述操作過程即可得到如圖 7-22 所示的結果。

	A	B
1	財務比率分析模型——盈利能力分析	
2	分析指標	計算結果（%）
3	营业利润率	29.16
4	成本费用利润率	41.98
5	总资产报酬率	3.04
6	净资产收益率	3.74

圖 7-22 盈利能力分析模型與結果

7.2.4 企業發展能力分析模型

企業的發展能力，也稱企業的成長性，簡單地講就是通過將企業往期財務數據進行對比，反應企業的成長潛力。它是企業通過自身的生產經營活動，不斷擴大累積而形成的發展潛能。企業能否健康發展取決於多種因素，包括外部環境、企業內在因素及資源條件等。

影響企業發展能力主要考察以下五項指標：營業收入增長率、資本保值增值率、總資產增長率、營業利潤增長率和淨利潤增長率。

在分析過程中涉及的計算公式如下：

存貨週轉率（次數）＝營業成本/平均存貨

應收帳款週轉率（次數）＝賒銷收入總額/平均應收帳款

流動資產週轉率（次數）＝營業收入/平均流動資產

總資產週轉率（次數）＝營業收入/平均總資產

資產保值增值率＝（期末股東權益總額/期初股東權益總額）×100%

接下來根據資產負債表和利潤表，應用 Excel 進行發展能力分析。

【例7-11】我們可以繼續以前面的資產負債表和利潤表中的資料為例，對企業的發展能力進行分析。

【分析思路】建立新的工作表命名為「財務比率分析模型——發展能力分析」，在模型中直接引用工作簿中的相關數據，來計算反應企業發展能力的相關財務比率。具體操作步驟如下：

（1）打開「財務比率分析」工作簿，新建一張工作表並命名為「財務比率分析——發展能力分析模型」。

（2）建立一個「財務比率分析—發展能力分析模型」。

（3）在「財務比率分析—發展能力分析模型」單元格 B4 輸入公式 =（'2013—2016年利潤表'! C5-'2013—2016年利潤表'! B5）/'2013—2016年利潤表'! B5。

（4）在「財務比率分析—發展能力分析模型」單元格 B5 輸入公式 =（'2013—2016資產負債表'! H27.'2013—2016資產負債表'! G27）/'2013—2016資產負債表'! G27。

（5）在「財務比率分析—發展能力分析模型」單元格 B6 輸入公式 =（'2013—2016資產負債表'! C28-'2013—2016資產負債表'! B28）/'2013—2016資產負債表'! B28。

（6）在「財務比率分析—發展能力分析模型」單元格 B7 輸入公式 =（'2013—2016年利潤表'! C17.'2013—2016年利潤表'! B17）/'2013—2016年利潤表'! B17。

（7）在「財務比率分析—發展能力分析模型」單元格 B8 輸入公式 =（'2013—2016年利潤表'! C19-'2013—2016年利潤表'! B19）/'2013—2016年利潤表'! B19。

（8）按照上面步驟分別計算出 2015、2016 年相關能力指標，求得結果如圖 7-23 所示。

	A	B	C	D
1		发展能力分析模型		
2			指标值（%）	
3	项目	2014年	2015年	2016年
4	销售收入增长率	2.60	17.38	45.45
5	股权资本率	0.03	57.59	5.36
6	总资产增长率	3.92	22.70	14.85
7	总利润增长率	4.25	-7.57	24.30
8	净利润增长率	4.25	-7.57	97.20

圖 7-23　X 公司發展能力分析模型與結果

7.3　基於 Excel 的企業綜合績效評價分析

綜合績效評價是通過建立綜合評價指標體系，對照相應行業評價標準，對企業特定經營期間的償債能力、資產管理能力、盈利能力以及發展能力等進行綜合評判。最主要的方

法有沃爾綜合評分法和杜邦分析法。

【任務描述】

以 X 公司財務報表資料為例，運用綜合績效評價方法對企業償債能力、資產管理能力、盈利能力以及發展能力進行分析，並建立相應的模型。

【任務目標】

1. 建立沃爾綜合評分分析模型。
2. 建立杜邦財務分析體系模型。

【任務分析】

針對上述任務，根據 X 公司的財務報表資料，利用 Excel 的公式與函數，分別建立沃爾綜合評分法和杜邦分析法對應的模型。

【任務實施】

7.3.1 沃爾綜合評分分析模型

1928 年，企業財務綜合分析的先驅者之一亞歷山大·沃爾在《信用晴雨表研究》和《財務報表比率分析》中提出了信用能力指數的概念，他選擇了 7 個財務比率，即流動比率、產權比率、固定資產比率、存貨週轉比率、應收帳款週轉率、固定資產週轉率和自有資金週轉率，分別給定各指標的比重，然後確定標準比率（以行業平均數為基礎），將實際比率與標準比率相比，得出相對比率，將此相對比率與各指標比重相乘，得出總評分。

沃爾綜合評分的基本原理是：把企業相關財務比率用線性關係結合起來，按不同財務比率對企業影響的大小，分別給定各自的分數比重（權數），然後通過與沃爾綜合評分中的標準比率進行比較，確定各項指標的得分及總體指標的累計分數，從而對企業財務狀況進行綜合評價。

【例 7-12】我們可以繼續以前面資產負債表和利潤表中的資料為例，重點分析 2016 年財務報表，介紹沃爾綜合評分法的模型創建及應用。

【分析思路】在新建「財務綜合分析工作簿」中，打開一個工作表，命名為「沃爾綜合評分分析模型」，然後按照沃爾綜合評分法的基本原理，根據企業情況，選擇我們需要的財務比率，賦予其相應的權數，並確定各項財務比率的標準值，編製出沃爾綜合評分表。在應用沃爾綜合評分法分析企業相關財務指標的過程中還需要建立一張企業財務情況表，將企業實際的各財務指標值與沃爾綜合評分標準結合進行對比、調整，然後得出企業財務狀況的一個綜合評分，如圖 7-25 所示。具體操作步驟如下：

(1) 新建一個 Excel 工作簿，並命名為「財務綜合分析」。

(2) 在「財務綜合分析」中新建一張工作表「沃爾綜合評分模型」，錄入相關評分值。

(3) 錄入最高評分、最低評分和每分比率的差公式。其中，最高評分 = 標準分值 ×

「十三五」高職院校財經精品系列教材
編委會

主　　任：蔣希眾

委　　員（以姓氏筆畫為序）：

　　　　王潔莉　呂兆海　朱寶安　劉可夫　劉　群
　　　　閆金秋　李冠瑛　李瑞禎　吳東泰　吳亞麗
　　　　張道軍　張德秀　陳倩媚　周建珊　周　磊
　　　　郎東梅　趙鳳香　殷建玲　程　豔　賴金明
　　　　廖旗平

總序

為全面貫徹習近平新時代中國特色社會主義思想和黨的十九大精神，落實《教育部2018年工作要點》《職業教育與繼續教育2018年工作要點》，推進高等職業教育高質量發展，完善職業教育和培訓體系，深化產教融合、校企合作，2018年高等職業教育創新發展行動計劃工作會在北京召開。會議指出：改革開放40年是中國職業教育從曾經的篳路藍縷到內涵式發展、與經濟建設和社會發展同頻共振的40年，特別是黨的十八大以來，以習近平同志為核心的黨中央把職業教育擺在了突出位置。習近平總書記對職業教育做出一系列重要指示和批示，明確了「高度重視、加快發展」的要求，科學回答了職業教育怎麼看、誰來辦、怎麼辦、為誰辦等一系列重大問題，為職業教育創新發展指明了方向。李克強總理多次對辦好職業教育做出重要批示，指出加快發展現代職業教育，對於發揮中國人力和人才資源巨大優勢、提升實體經濟綜合競爭力具有重要意義。在黨和政府的高度重視下，中國職業教育和繼續教育快速發展、不斷壯大，實現了新跨越，站上了新起點。

對高等職業教育來說，教材建設歷來是高職院校重要的基本建設任務之一。高質量的教材是專業教學實施方案最主要的載體，是培養高質量的職業人才的基本保證，更是實現高等職業教育培養目標的重要手段。大力發展高等職業教育，培養和造就適應社會生產、建設、管理、服務和技術的一線的高技術、應用型人才，需要我們高度重視高等職業教育的教材改革和建設，編寫和出版體現高等職業教育特色的優秀教材。

「十三五」高職院校財經精品系列教材編寫的指導思想是：在適度的基礎知識與理論體系覆蓋下，針對高職院校學生的特點，夯實基礎，強化訓練。本系列規劃教材在編寫時，一是注重教材的科學性和前沿性，二是注重教材的基礎性，三是注重教材的實踐性，力爭使本系列規劃教材做到「教師易教，學生樂學，技能實用」。

在「十三五」高職院校財經精品系列教材編委會的組織協調下，本系列規劃教材由各院校具有豐富教學經驗並有高級職稱的教師擔任主編，由各書主編擬定大綱，經編委會審核後組織編寫。同時，每種教材均吸收多所院校的教師參與編寫，以集眾家之長。本系列規劃教材首批規劃了《基礎會計》《會計實訓》《出納實務》《稅務會計》《財務會計》《成本會計》《管理會計》《金融企業會計》《財務管理》《EXCEL 在財務中的應用》《稅法實務》《個人理財》《資產評估》《金融學基礎》《經濟學基礎》《物流基礎》《供應鏈管理實務》《新編統計基礎》《新編統計基礎同步訓練》《經濟數學基礎》《商務秘書實務》等教材，下一步將根據各院校的教學需要，組織規劃第二批教材，以補充、完善本系列規劃教材。我們希望把每種教材都打造成精品教材，力爭讓多種教材能成為省級精品課程教材，部分教材成為國家級精品課程教材及規劃教材。

我們希望通過編委會、參與編寫的教師以及使用教材的師生的共同努力，將本系列規劃教材打造成適應新時期普通高職院校發展需求的高水準、高質量的系列精品規劃教材。在此，我們對各高職院校領導的大力支持、各位作者的辛勤奉獻以及西南財經大學出版社、廣東新華發行集團的鼎力相助表示衷心的感謝！

「十三五」高職院校財經精品系列教材編委會

2018 年 6 月

1.5，最低分值=標準分值×0.5，每分比率的差=（行業最高比率-標準比率）/（最高評分-標準評分）。

（4）根據公式，計算出最高評分、最低評分和每分比率的差的值。

（5）新建立一張工作表，命名為「財務情況評分模型」。

（6）根據「沃爾綜合評分表」中的資料，在「財務情況評分表」中輸入標準比率和每分比率的值。

（7）實際比率的值取自前面相關財務指標的計算。

（8）計算差異，其值=實際比率-標準比率。

（9）輸入調整公式，其值=差異/每分比率。

（10）標準分值取自「沃爾綜合評分表」。

（11）計算得分，其值=調整分+標準分值。

上述步驟操作完成後，即可得到企業財務情況評分表，如圖7-24所示。

	A	B	C	D	E	F	G
1	綜合評分表						
2	指標	評分值	標準比率（%）	行業最高比率（%）	最高評分	最低評分	每分比率的差（%）
3	盈利能力：						
4	總資產報酬率	20	5.50	15.80	30	10	1.03
5	銷售淨利率	20	36.00	66.20	30	10	3.02
6	淨資產收益率	10	4.40	22.70	15	5	3.66
7	償債能力：						
8	自有資本比率	8	25.90	55.80	12	4	7.48
9	流動比率	8	96.70	253.80	12	4	39.28
10	應收賬款週轉率	8	290.00	960.00	12	4	167.50
11	存貨週轉率	8	800.00	3030.00	12	4	557.50
12	成長能力：						
13	銷售增長率	6	2.50	38.90	9	3	12.13
14	淨利增長率	6	10.10	51.20	9	3	13.70
15	總資產增長率	6	7.30	42.80	9	3	11.83
16	合計	100			150	50	

圖7-24　沃爾綜合評分分析模型與結果

	A	B	C	D	E	F	G	H
1	財務情況評分表							
2	指標①	實際比率（%）②	標准比率（%）③	差异④	每分比率⑤	調整分⑥	標准分值⑦	評分⑧
3	盈利能力：							
4	總資產報酬率	3.04	5.50	(2.46)	1.03	-2.39	20	17.61
5	銷售淨利率	22.53	36.00	(13.47)	3.02	-4.46	20	15.54
6	淨資產收益率	3.74	4.40	(0.66)	3.66	-0.18	10	9.82
7	償債能力：							
8	自有資本比率	58.5	25.90	32.60	7.48	4.36	8	12.36
9	流動比率	2.14	96.70	(94.56)	39.28	-2.41	8	5.59
10	應收賬款週轉率	800	290.00	510.00	167.50	3.04	8	11.04
11	存貨週轉率	60.26	800.00	(739.74)	557.50	-1.33	8	6.67
12	成長能力：							
13	銷售增長率	45.45	2.50	42.95	12.13	3.54	6	9.54
14	淨利增長率	97.2	10.10	87.10	13.70	6.36	6	12.36
15	總資產增長率	14.85	7.30	7.55	11.83	0.64	6	6.64
16	合計						100.00	107.18

圖7-25　財務情況評分模型與結果

7.3.2 杜邦財務分析體系模型

杜邦分析最早由美國杜邦公司使用，故名為杜邦分析法。這是用來評價公司盈利能力和股東權益回報水準，從財務角度評價企業績效的一種經典方法。其基本思想是將企業淨資產收益率逐級分解為多項比率乘積，具有很鮮明的層次結構，有助於深入分析比較企業經營業績。

杜邦財務分析體系是以淨資產收益率為核心，將其分解為若干財務指標，利用各項財務指標間的關係，對企業綜合經營管理財及經濟效益進行系統分析評價的方法。

我們知道，杜邦財務分析體系是一種分解財務比率的方法，其體系基本結構如圖7-26所示。

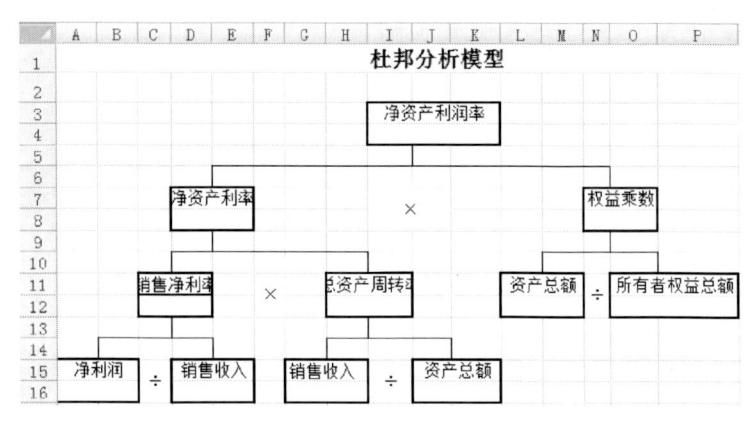

圖 7-26 杜邦財務分析模型

根據圖7-26中杜邦財務分析體系各指標之間的關係，我們可以利用Excel表進行相關操作。

杜邦財務分析體系各指標之間的具體關係如下：

$$銷售淨利率=淨利潤÷銷售收入$$
$$資產週轉率=銷售收入÷資產總額$$
$$淨資產利率=銷售淨利率×總資產週轉率$$
$$權益乘數=資產總額÷所有者權益總額$$
$$淨資產利潤率=淨資產利率×權益乘數$$

【例7-13】我們可以繼續以本章前面例題中企業的報表資料為例，利用杜邦財務分析體系，建立杜邦分析模型，進行相關分析。

杜邦分析體系不是建立新的指標體系進行財務分析，而是以淨資產收益率（也稱權益報酬率或權益淨利率）為核心，通過對該指標的層層分解，建立起相關指標之間的內在聯

繫，從而對企業經濟效益及其原因進行系統分析與評價。所以在計算指標時應自下而上進行。

【分析思路】創建新的工作簿「財務綜合分析工作簿」，打開一個工作表，命名為「杜邦分析體系模型」，然後按杜邦分析體系設計表格，並按設計好的表格樣式在相應單元格位置輸入公式。上述模型中各單元格具體操作步驟如下：

（1）淨利潤 A15＝´2016 年利潤表´! B18。
（2）銷售收入 C15＝´2016 年利潤表´! B4。
（3）銷售收入 E15＝´2016 年利潤表´! B4。
（3）資產總額 G15＝（´2016 年資產負債表´! B28+´2016 年資產負債表´! C28）/2。
（4）資產總額 H11＝（´2016 年資產負債表´! B28+´2016 年資產負債表´! C28）/2。
（5）所有者權益總額 J11＝（´2016 年資產負債表´! E27＋´2016 年資產負債表´! F27）/2。
（6）根據前面的公式，分別計算出相關指標。

完成上述操作過程，就可以得到如圖 7-27 所示的結果。

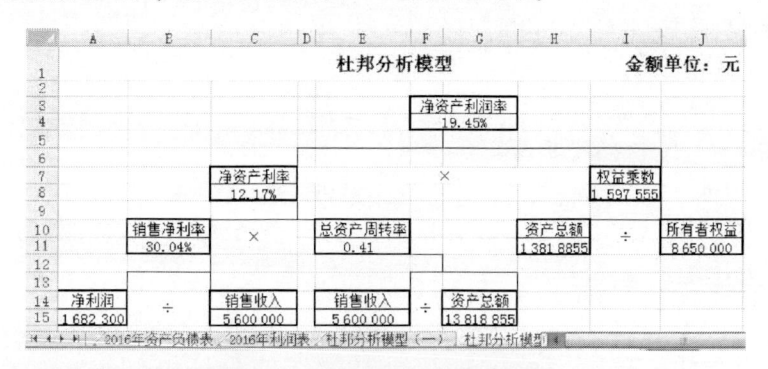

圖 7-27　杜邦財務分析模型與結果

8 Excel 在財務管理中的應用

通過本章的學習，掌握有關資金時間價值的財務函數，重點掌握 PV、FV、PMT、NPER 等函數的應用，建立資金時間價值分析模型；在掌握貨幣時間價值的基礎上，瞭解投資決策的相關基礎知識，重點掌握 NPV、IRR 等函數的運用，並熟練掌握在 Excel 上利用淨現值法、內部報酬率法、現值指數法進行建模和應用，進而做出科學有效的投資決策。

【任務描述】
瞭解資金的時間價值相關概念和投資決策的相關知識，促使企業合理有效地利用資金，進而做出科學有效的投資決策。

【任務目標】
1. 建立資金時間價值分析模型。
2. 建立項目投資決策分析模型。

【任務分析】
針對上述任務，結合具體案例，利用 Excel 的公式與函數，分別建立相應的分析模型。

【任務實施】

8.1 Excel 與資金時間價值分析模型

8.1.1 資金時間價值概念與計算公式

所謂資金的時間價值是指一定量資金在不同時點上價值量的差額，也稱為貨幣的時間價值。資金在週轉過程中會隨著時間的推移而發生增值，使資金在投入和收回的不同時點上價值不同，形成價值差額。資金時間價值的計算涉及兩個重要的概念：現值和終值。現值又稱本金，是指未來某一時間點上一定量現金折算到現在的價值；終值又稱為將來值或者本利和，是指現在一定量現金在將來某一時間點上的價值。由於終值與現值的計算與利息的計算方法有關，而利息的計算有複利和單利兩種，因此終值與現值的計算也有複利和單利之分。在籌資投資的過程中，財務人員必須充分瞭解資金的時間價值，這樣可以促使

企業合理有效的利用資金，並且有利於做出正確的投資決策。

（1）單利終值與現值

單利是只對本金計算利息，即資本無論期限長短，各期的利息都是相同的，本金所派生的利息不再加入本金計算利息。

其終值的公式為：$F = P + P \times n \times i = P \times (1 + n \times i)$

其現值公式為：$P = F / (1 + n \times i)$

式中：P 為現值（本金）；F 為終值（本利和）；i 為利率；n 是計算利息的期數。

（2）複利終值與現值

複利是指資本每經過一個計息期，都要將該期所派生的利息再加入本金，一起計算利息，俗稱「利滾利」。計息期是指相鄰兩次計息的間隔，如年、季或月等。

其終值公式為：$F = P (F/P, i, n)$

其現值公式為：$P = F (P/F, i, n)$

式中：P 為現值（本金）；F 為終值（本利和）；i 為利率；n 是計算利息的期數。

（3）年金終值與現值

年金是指一定時期內每期相等金額的系列收付款項。年金具有兩個特點：一是每次收付金額相等；二是時間間隔相同。年金是在一定時期內每隔一段時間就必須發生一次收款（或付款）的業務，各期發生的收付款項在數額上必須相等。年金按每次收付款發生的時點不同可分為普通年金、即付年金、遞延年金和永續年金四種形式。

①普通年金

普通年金是指從第一期開始，在一定時期內每期期末等額收付的系列款項，又稱後付年金。

其終值公式為：$F = A (F/A, i, n)$，其中，$(F/A, i, n)$ 表示年金終值係數。

其現值公式為：$P = A (P/A, i, n)$，其中，$(P/A, i, n)$ 表示年金現值係數。

式中：P 為現值（本金）；F 為終值（本利和）；A 為年金；i 為利率；n 是計算利息的期數。

②即付年金

即付年金是指從第一期開始，在一定時期內每期期初等額收付的系列款項，又稱先付年金。它與普通年金的區別僅在於付款時間不同，比普通年金多 (1+i) 期。

其終值公式為：$= A (F/A, i, n) (1+i)$

其現值公式為：$= A (P/A, i, n) (1+i)$

③遞延年金

遞延年金是指距今若干期以後發生的系列等額收付款項。凡不是從第一期開始的年金都是遞延年金。若從第 m 期開始，持續到 m+n 期，則

其現值公式為：$P = A (P/A, i, n) (P/F, i, m)$ 　或

P＝A（P/A, i, m+n）－A（P/A, i, m）

遞延年金終值計算方法與普通年金終值相同，與遞延期長短無關。

④永續年金

永續年金是指無限期等額系列收付的款項。永續年金因其沒有終止時間，所以不存在終值的計算問題。永續年金現值的計算公式可通過普通年金現值的計算公式推導，當 n 趨向於無窮大時，永續年金現值的計算公式為：P＝A/i。

8.1.2 資金時間價值函數及模型

8.1.2.1 資金時間價值函數

（1）年金終值函數 FV（ ）

函數表達式為：FV（rate, nper, pmt, pv, type）

功能：在已知期數、利率及每期付款金額的條件下，返回年金終值數額。

說明：

①rate 為各期利率，是一固定值。

②nper 為總投資（或貸款期），即該項投資（或貸款）的付款期總數。

③pmt 為各期所應付給（或得到）的金額，其數值在整個年金期間（或投資期內）保持不變。pmt 通常包括本金和利息，但不包括其他費用及稅款。如果忽略 pmt，則必須包括 pv 參數。

④pv 為現值，即從該項投資（或貸款）開始計算時已經入帳的款項，或一系列未來付款當前值的累積和，也稱為本金，如果省略 pv，則假設其值為零，並且必須包括 pmt 參數。

⑤type 為數字 0 或 1，用以指定各期的付款時間是在期初還是期末，0 表示在期末，1 表示在期初。如果省略 type，則假設其值為零。在所有參數中，支出的款項表示為負數；收入的款項表示為正數。

【例 8-1】假設需要為一年後的某個項目預籌資金，現在將 4,000 元以年利率 6%，按月計息（月利率 6%/12 或 0.5%）存入儲蓄存款帳戶中，並在以後 12 個月的每個月初存入 300 元，則一年後該帳戶的存款額等於多少？

具體操作步驟如下：

①新建一張工作表，設置表格格式並輸入已知條件。

②選中 C7 單元格，通過【公式】選項卡的【函數庫】組找到財務函數 FV，進入 FV 函數依次選中對應的參數，單擊「確定」按鈕，即可得出所求的值。

③求得結果如圖 8-1 所示。

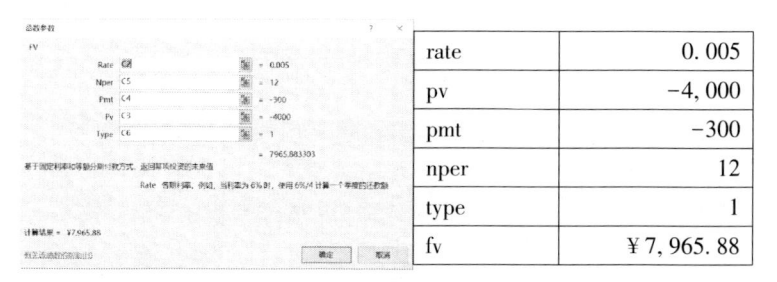

rate	0.005
pv	−4,000
pmt	−300
nper	12
type	1
fv	￥7,965.88

圖 8-1　年金終值模型

（2）年金現值函數 PV（ ）

函數表達式為：PV（rate, nper, pmt, fv, type）

功能：在已知期數、利率及每期付款金額的條件下，返回年金現值數額。

說明：rate, nper, pmt, fv, type 等各參數含義及要求同 FV 函數。

【例 8-2】假如要購買一項保險年金，該保險可以在今後 20 年內於每月末回報 550 元。此項年金的購買成本為 60,000 元，假定年投資回報率為 10%。現在可以通過函數 PV 計算這筆投資是否值得。則該項年金的現值是多少？

具體操作步驟如下：

①新建一張工作表，設置表格格式並輸入已知條件。

②選中 C3 單元格，通過【公式】選項卡的【函數庫】組找到財務函數 PV，進入 PV 函數依次選中對應的参数，單擊「確定」按鈕，即可得出所求的值。

③求得結果如圖 8-2 所示。

rate	0.008,333,333
pv	￥−56,993.54
pmt	550
nper	240
type	0
fv	0

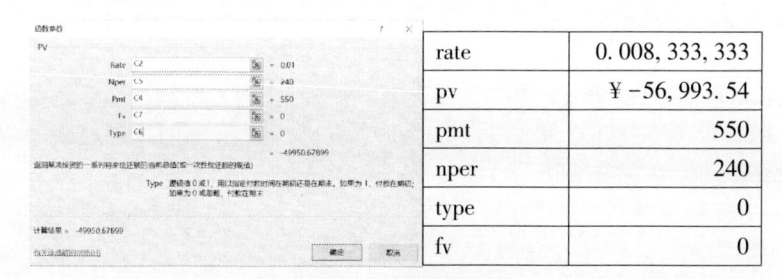

圖 8-2　年金現值模型

其結果為負值，因為這是一筆付款，即支出現金流。年金的現值（56,993.54 元）小於實際支付的值（60,000 元），因此不值得投資。

（3）年金函數 PMT（ ）

函數表達式為：PMT（rate, nper, pmt, pv, fv, type）

功能：在已知期數、利率及每期付款金額的條件下，返回年金現值數額。

說明：rate，nper，pmt，fv，type，pv 等各參數含義及要求同 FV 函數。

【例 8-3】假如需要以按月定額存款方式在 20 年中存款 65,000 元，假定存款年利率為 6%，問月存款額應為多少呢？

具體操作步驟如下：

①新建一張工作表，設置表格格式並輸入已知條件。

②選中 C4 單元格，通過【公式】選項卡的【函數庫】組找到財務函數 PMT，進入 PMT 函數依次選中對應的參數，單擊「確定」按鈕，即可得出所求的值。

③求得結果如圖 8-3 所示。

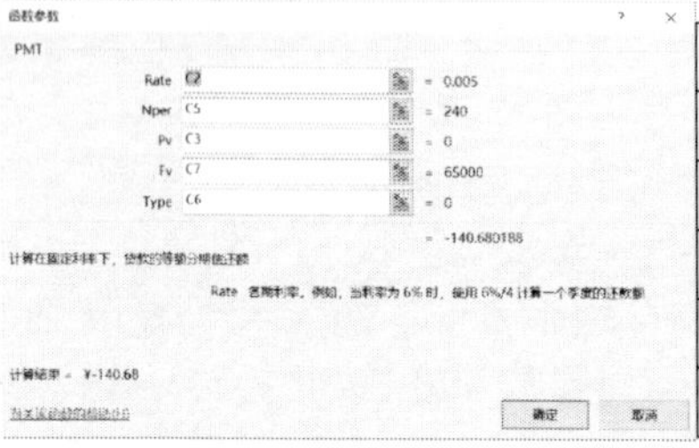

rate	0.005
pv	0
pmt	¥-140.68
nper	240
type	0
fv	65,000

圖 8-3　年金模型

（4）年金中的利息函數 IPMT（ ）

函數表達式為：IPMT（rate，per，nper，pmt，pv，fv）

功能：在已知期數、利率及現值或終值的條件下，返回年金處理的每期固定付款所含的利息。

說明：

①rate，per，nper，pmt，pv，fv 等各參數含義及要求同 FV 函數。

②per 用於計算其利息數額的期次，必須在 1 到 nper 之間。

③pv 為現值，即從該項投資（或貸款）開始計算時已經入帳的款項，或一系列未來付款當前值的累積，也稱為本金。

【例 8-4】某人在銀行存入本金 9,000 元，存期為三年，年利率為 8%，則其第一個月的利息應該是多少？

具體操作步驟如下：

①新建一張工作表，設置表格格式並輸入已知條件。

②選中 C8 單元格，通過【公式】選項卡的【函數庫】組找到財務函數 IPMT，進入 IPMT 函數依次選中對應的參數，單擊「確定」按鈕，即可得出所求的值。

③求得結果如圖 8-4 所示。

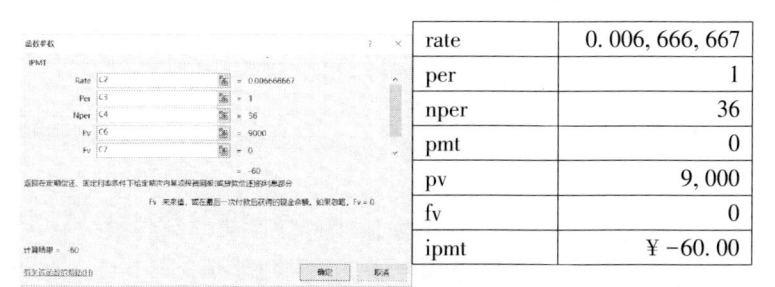

rate	0.006,666,667
per	1
nper	36
pmt	0
pv	9,000
fv	0
ipmt	¥-60.00

圖 8-4　年金利息模型

（5）年金中的本金函數 PPMT（）

函數表達式為：PPMT（rate，per，nper，pv，fv，type）

功能：在已知期數、利率及每期付款金額的條件下，返回年金現值數額。

說明：rate，nper，pmt，fv，type 等各參數含義及要求同 FV 函數。

【例 8-5】某公司取得一筆 3,000 元年利率為 8% 的三年期貸款，其第一個月的本金支付額是多少？

具體操作步驟如下：

①新建一張工作表，設置表格格式並輸入已知條件。

②選中 C8 單元格，通過【公式】選項卡的【函數庫】組找到財務函數 PPMT，進入 PPMT 函數依次選中對應的參數，單擊「確定」按鈕，即可得出所求的值。

③求得結果如圖 8-5 所示。

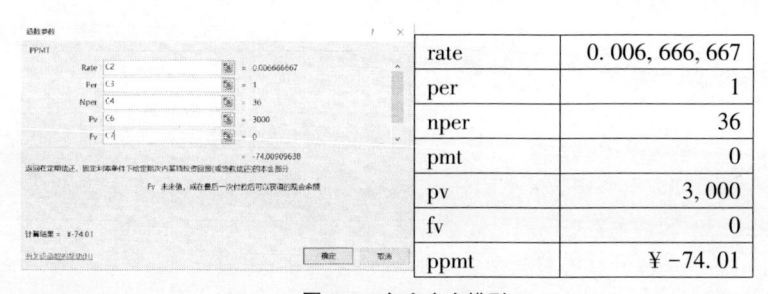

rate	0.006,666,667
per	1
nper	36
pmt	0
pv	3,000
fv	0
ppmt	¥-74.01

圖 8-5　年金本金模型

（6）計息期函數 NPER（）

函數表達式為：PMT（rate，pmt，pv，fv，type）

功能：返回每期付款金額及利率固定的某項投資或貸款的期數。

說明：rate，pmt，pv，fv，type 等各參數含義及要求同 FV 函數。

(7) 利率函數 RATE ( )

函數表達式為：RATE（nper，pmt，pv，fv，type，guess）

功能：在已知期數、每期付款金額及現值的情況下，返回年金的每期利率。

說明：

①nper，pmt，pv，fv，type 等各參數含義及要求同 FV 函數。

②guess 為預期利率（估計值）。如果省略預期利率，則假設該值為 10%。

【例 8-6】某人從銀行取得金額為 5,500 元的 4 年期的貸款，月支付額為 100 元，該筆貸款的利率為多少？

具體操作步驟如下：

①新建一張工作表，設置表格格式並輸入已知條件。

②選中 C2 單元格，通過【公式】選項卡的【函數庫】組找到財務函數 RATE，進入 RATE 函數依次選中對應的參數，單擊「確定」按鈕，即可得出所求的值。

③求得結果如圖 8-6 所示。

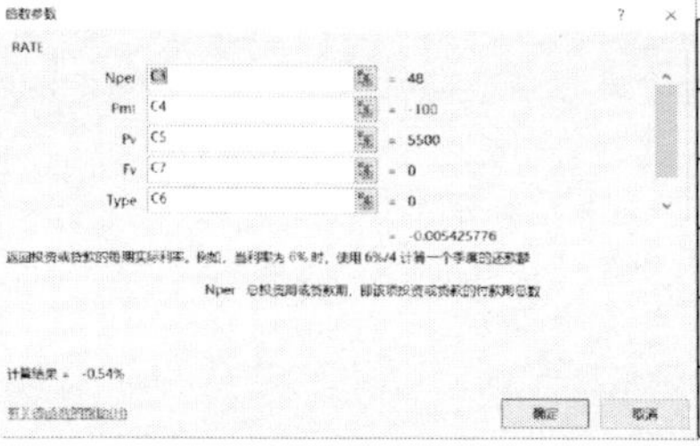

rate	−0.54%
nper	48
pmt	−100
pv	5,500
type	0
fv	0

圖 8-6　利率模型

因為按月計息，故結果為月利率，年利率為：0.54%×12＝6.48%。

8.1.2.2　資金時間價值模型

【例 8-7】根據以上各函數的應用分析，建立綜合資金時間價值函數模型。

其中，模型中的基本數據區為已知條件區，數據分析區為模型的計算結果。該模型用到以上介紹的各個函數，其所需數據來自基本數據區。

表 8-1　資金的時間價值函數模型

基本數據區			
利率(I)	0.1	期限(n)	6
終值(FV)	53,000	現值(PV)	25,000
年金(PMT)	3,650		

表8-1(續)

數據分析區			
名稱	模型計算結果	名稱	
複利現值(PV)	=PV(B3,D3,-B4)	普通年金現值函數(PV)	=PV(B3,D3,-B5)
複利終值(FV)	=FV(B3,D3,-D4)	普通年金終值函數FV	=FV(B3,D3,-B5)
年償債基金(PMT)	=PMT(B3,D3,-B4)	先付年金現值函數PV	=PV(B3,D3,-B5,D4)
年資本回收額函數(PMT)	=PMT(B3,D3,-D4)	先付年金終值函數FV	=FV(B3,D3,-B5,1)
償還本金函數(PPMT)	=PPMT(B3,1,D3,-D4)	償還利息函數IPMT	=IPMT(B3,1,D3,-D4)

8.2 Excel與項目投資決策分析模型

8.2.1 項目投資決策評價指標

項目投資決策評價指標可分為非折現現金流量指標（靜態評價指標）和折現現金流量指標（動態評價指標）兩大類。其中非折現現金流量指標包括投資回收期、會計平均收益率等。折現現金流量指標包括淨現值、現值指數和內含報酬率等。由於非折現現金流量指標忽略了資本的時間價值，將不同時間的現金流量視為相同的金額，因而其決策結果誇大了投資的獲利水準和資本的回收速度。同時非折現現金流量指標對壽命不同、資本投入的時間和獲得收益的時間不同的方案缺乏鑑別能力。因此，折現現金流量指標更為實用，接下來重點介紹折現現金流量指標。

(1) 淨現值

淨現值（NPV）是指投資項目投入使用後的現金淨流量按資本成本或公司要求達到的報酬率折算為現值，再減去初始投資後的餘額。其計算公式為：

$$NPV = \sum (CI-CO)/(1+i)^t$$

式中：其中CI是未來現金淨流量現值，CO是原始投資額現值，i是折現率，t是期數。

利用淨現值的決策規則是：如果在一組獨立備選方案中進行選擇，淨現值大於零表示收益彌補成本後仍有利潤，可以採納；淨現值小於零表明其收益不足以彌補成本，不能採納。若在一組互斥方案中進行選擇，則應採納淨現值最大的方案。

(2) 現值指數

現值指數（PI）是未來現金淨流量的總現值與初始投資額現值的比率，又稱為現值比率、獲利指數等。其計算公式為：

現值指數＝未來現金淨流量的總現值/投資額現值

現值指數指標進行項目選擇的決策規則是：接受現值指數大於 1 的項目，放棄現值指數小於 1 的項目。在有多個互斥方案的選擇決策中，選擇現值指數最大的項目。

(3) 內含報酬率

內含報酬率（IRR）是指能夠使未來現金流入量的現值等於現金流出量現值的折現率，或者說是使投資項目淨現值為零的折現率。內含報酬率通常也稱為內部收益率，其計算公式為：

$$IRR = r1 + [(r2 - r1)/(|b|+|c|)] \times |b|$$

式中：r1 是低貼現率，r2 是高貼現率，|b| 是低貼現率時的財務淨現值絕對值，|c| 是高貼現率時的財務淨現值絕對值。

內含報酬率的決策規則為：在只有一個備選方案的採納與否決策中，如果計算出的內含報酬大於或等於公司的資本成本或必要報酬率，就採納；反之，則拒絕。在多個互斥備選方案的選擇決策中，選用內含報酬率超過資本成本或必要報酬率最高的項目。

8.2.2　項目投資決策評價指標對應函數及模型

8.2.2.1　淨現值指標

(1) NPV 淨現值函數

語法表達式：NPV（rate，value1，value2，…）

功能：在未來連續期間的現金流量 value1、value2 等，以及貼現率 rate 的條件下返回該項投資的淨現值。

說明：

①value1、value2 等所屬各期間的長度必須相等，而且支付及收入的時間都發生在期末。

②NPV 按次序使用 value1、value2 等來註釋現金流的次序，所以一定要保證支出和收入數額按正確的順序輸入。

③如果參數是數值、空白單元格、邏輯值或表示數值的文字表達式，都計算在內；如果參數是錯誤值或不能轉化為數值的文字則被忽略。

④NPV 假定投資開始於 value1 現金流所在日期的前一期，並結束於最後一筆現金流的當期。NPV 依據未來的現金流計算。如果第一筆現金流發生在第一個週期的期初，則第一筆現金必須添加到 NPV 的結果中，而不應包含在 values 參數中。

【例8-8】某企業的一個投資項目初始的投資額為 18,600 元（在年末支出），接下來 3 年，每年年末收回投資分別為 2,450 元、13,000 元、13,000 元，假設貼現率為 10%，計算該項目的淨現值。

具體操作步驟如下：

①新建一張工作表，設置表格格式並輸入已知條件。

②選中 B6 單元格，通過【公式】選項卡的【函數庫】組找到財務函數 NPV，進入 NPV 函數依次選中對應的參數，單擊「確定」按鈕，即可得出所求的值。

③求得結果如圖 8-7 所示。

年貼現率	10%
一年前投資	−18,600
第一年的收益	2,450
第二年的收益	13,000
第三年的收益	13,000
NPV	￥3,761.97

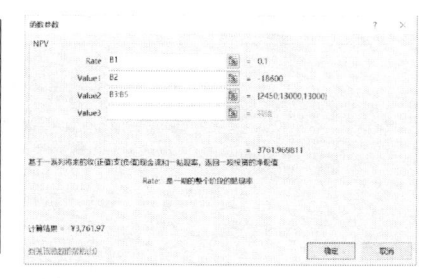

圖 8-7　淨現值模型

在操作過程中需要注意以下兩點：

①初始投資支出及其他各期支出應加負號。

②函數 NPV 假定投資開始於 value1 現金流所在日期的前一期，並結束於最後一筆現金流的當期。函數 NPV 依據未來的現金流進行計算。如果第一筆現金流發生在第一個週期的期初，則第一筆現金必須添加到函數 NPV 的結果中，而不應包含在參數 values 中。

【例 8-9】某企業的一個投資項目初始的投資額是 18,600 元（在年初支出），接下來 3 年，每年年末收回投資分別是 2,450 元，13,000 元，13,000 元，假設貼現率為 10%，計算該項目的淨現值。

具體操作步驟如下：

①新建一張工作表，設置表格格式並輸入已知條件。

②選中 B6 單元格，通過【公式】選項卡的【函數庫】組找到財務函數 NPV，進入 NPV 函數依次選中對應的參數，由於年初支出，B2 不作為淨現值計算的參數，單擊「確定」按鈕，在淨現值的基礎上再加上 B2，公式為 NPV（B1，B3：B5）+B2，即可得出所求的值。

③求得結果如圖 8-8 所示。

年貼現率	10%
一年前投資	−18,600
第一年的收益	2,450
第二年的收益	13,000
第三年的收益	13,000
NPV	￥4,138.17

圖 8-8　淨現值模型

(2) 淨現值法分析模型

用淨現值法建立投資決策模型就是要建立淨現值和淨現值指數的計算公式，將具體數據輸入到模型表中，利用 Excel 提供的函數和計算功能計算出各方案淨現值和淨現值指數的大小，從而確定最優投資方案。

【例 8-10】假設某企業有甲、乙兩種投資方案，有關數據如圖 8-9 所示。

年份	甲方案 投資	甲方案 收入	淨現金流量	乙方案 投資	乙方案 收入	淨現金流量
1	3 500	0		4 200	0	
2	950	0		1 800	0	
3	0	1 000		0	3 000	
4	0	2 500		0	3 000	
5	700	3 500		0	5 000	
6	0	3 000		1 200	3 000	
7	0	3 000		0	2 000	
8	0	3 000		0	1 000	

圖 8-9　淨現值法投資決策分析數據

具體操作步驟如下：

①定義模型有關項目間的勾稽關係

淨現金流量＝現金流入（收入）－現金支出（投資）

淨現值指數＝淨現金流量現值/投資總額現值

②確定模型中各有關單元格的公式

甲方案：單擊 D4 單元格輸入公式「＝C4-B4」，將此公式複製到 C5：C11 單元格區域，完成甲方案淨現金流量的計算；單擊 B12 單元格輸入公式「＝NPV（H4，B5：B11）+B4」；單擊 D12 單元格輸入公式「＝NPV（H4，D5：D11）+D4」；單擊 D13 單元格輸入公式「＝D12/B12」。

乙方案：單擊 G4 單元格輸入公式「＝F4-E4」，將此公式複製到 G5：G11 單元格區域，完成甲方案淨現金流量的計算；單擊 E12 單元格輸入公式「＝NPV（H4，E5：E11）+E4」；單擊 G12 單元格輸入公式「＝NPV（H4，G5：G11）+G4」；單擊 G13 單元格輸入公式「＝G12/E12」。

從圖 8-10 可知，甲方案淨現值為 5,349.19 元，乙方案淨現值為 5,071.75 元，兩方案淨現值都大於 0，都可行。甲方案的淨現值指數為 1.10，大於乙方案的淨現值指數 0.77，所以甲方案優於乙方案。

年份	甲方案 投資	甲方案 收入	甲方案 淨現金流量	乙方案 投資	乙方案 收入	乙方案 淨現金流量
1	3 500	0	-3 500	4 200	0	-4 200
2	950	0	-950	1 800	0	-1 800
3	0	1 000	1 000	0	3 000	3 000
4	0	2 500	2 500	0	3 000	3 000
5	700	3 500	2 800	0	5 000	5 000
6	0	3 000	3 000	1 200	3 000	1 800
7	0	3 000	3 000	0	2 000	2 000
8	0	3 000	3 000	0	1 000	1 000
淨現值	4 841.75		5 349.19	6 581.47		5 071.75
淨現值指數			1.10			0.77

圖8-10　淨現值法投資決策分析模型

一般情況下，當用淨現值法分析投資決策時，淨現值指標和淨現值指數指標需要配合使用才能更準確地說明問題。當投資金額不等時，淨現值的大小比較就失去了基礎。因此，淨現值大小的簡單比較不能準確說明問題，這就需要用現值指數法。

8.2.2.2　現值指數指標

（1）現值指數函數

現值指數又稱為獲利指數，是指投資項目經營期各年的淨現金流量的總現值與原始投資現值總和之比，它反應了項目的投入與產出之間的關係。

其計算公式為：現值指數＝經營期淨現金流量現值之和/原始投資的現值之和

其函數表達式可以利用NPV淨現值函數與SUM求和函數計算。

【例8-11】某個投資項目，初始投資為150,000元（投資期年初支付），在隨後的5年終，該項目的淨收入分別為25,000元、28,000元、36,000元、43,000元和53,000元，折現率為12%，計算該項目的現值指數。

具體操作步驟如下：

①新建一張工作表，設置表格格式並輸入已知條件。

②在B8單元格中輸入計算淨現值的公式：「＝NPV（B7，B2：B6）/-B1」。

③結果如圖8-11所示。

項目的初始投資	-150 000
第1年淨收入	25 000
第2年淨收入	28 000
第3年淨收入	36 000
第4年淨收入	43 000
第5年淨收入	53 000
折現率	12%
現值指數	0.851 119

圖8-11　現值指數法模型

採用現值指數評價投資項目的基本準則是：現值指數大於或等於1的項目為可行項

目,否則為不可行項目。如果將原始投資看作投資的成本,則該指標反應了每一元投資所創造的淨現值。因此,現值指數是一個反應投資項目獲利能力的相對指標。在多項目比較中,現值指數使得原始投資額不同的投資項目與有效使用期數不同的投資項目具有可比性。因此,現值指數在公司的投資決策分析中具有廣泛的適用性。

(2) 現值指數函數模型

【例8-12】已知如下數據,計算現值指數,見圖8-12。

期間(年)	A項目 流入	A項目 流出	A項目 淨流量	A項目 現值	B項目 流入	B項目 流出	B項目 淨流量	B項目 現值
0		10 000	-10 000	-10,000.00		8 000	-8 000	-8,000.00
1		8 000	-8 000	-6,956.52		5 000	-5 000	-4,347.83
合計		18 000	-18 000	-16,956.52		13 000	-13 000	-12,347.83
2	12 000	3 600	8 400		6 000	1 000	5 000	
3	12 000	3 600	8 400		8 000	1 000	7 000	
4	12 000	3 600	8 400		10 000	2 000	8 000	
5	12 000	3 600	8 400		8 000	1 500	6 500	
6	12 000	3 600	8 400		6 000	1 000	5 000	
合計	60 000	18 000	42 000	24,485.31	38 000	7 000	31 000	18,350.64
淨現				7,528.79				6,002.82
現值指數				1.4440				1.4861

圖8-12 現值指數法進行投資項目比較結果表

計算方法:選擇E15單元格,輸入公式「=ABS(E13/E7)」,複製到I15單元格中即可。

從計算結果中可以看到,A項目的現值指數為1.444,0,B方案的現值指數為1.486,1,都大於1,說明兩個項目都是可取的,且B項目優於A項目。

現值指數法的主要優點在於考慮了貨幣時間價值,計算科學準確。同時以相對值表示各投資方案經濟效益,便於在不同方案中選出最優方案。其主要缺點是根據期望投資回收報酬率計算項目經濟效益,而未能計算投資項目本身的投資回收報酬率。

8.2.2.3 內含報酬率指標

用內含報酬率法模型分析投資決策要建立內含報酬率和修正內含報酬率的計算公式,將具體數據輸入到模型表中,利用Excel提供的函數和計算功能計算出各方案的內含報酬率,從而確定最優方案。

(1) 內含報酬率函數

語法表達式:IRR(values,guess)

功能:返回連續期間的現金流量的內含報酬率。

說明:

① values為數組或單元格的引用,包含用來計算內部收益率的數字。values必須包含至少一個正值和一個負值,以計算內部收益率。IRR根據數值的順序來解釋現金流的順序,故應確定按需要的順序輸入了支付和收入的數值。如果數組或引用包含文本、邏輯值或空白單元格,這些數值將被忽略。

② guess為對IRR計算結果的估計值。Excel使用迭代計算IRR。從guess開始,IRR

不斷修正收益率，直至結果的精度達到 0.000,01%。如果 IRR 經過 20 次迭代，仍未找到結果，則返回錯誤值#NUM！。在大多數情況下，並不需要為 IRR 的計算提供 guess 值。如果省略 guess 值，假設它為 0.1（10%）。

【例 8-13】有一個項目初始的投資為 75,000 元，在隨後的 5 年中每年的收益分別是 13,000 元、16,000 元、18,000 元、20,000 元、27,000 元，計算該項目的內含報酬率。

具體操作步驟如下：

①新建一張工作表，設置表格格式並輸入已知條件。

②選中 B7 單元格，通過【公式】選項卡的【函數庫】組找到財務函數 IRR，進入 IRR 函數依次選中對應的參數，單擊「確定」按鈕，即可得出所求的值。

③求得結果如圖 8-13 所示。

項目初期的投資支出	-75,000
第一年的淨收入	13,000
第二年的淨收入	16,000
第三年的淨收入	18,000
第四年的淨收入	20,000
第五年的淨收入	27,000
IRR	7%

圖 8-13　內含報酬率模型

（2）內含報酬率法投資決策分析模型

內含報酬率法（也稱為內部收益率法）是以內含報酬率作為評價投資項目的指標，因為內含報酬率反應了投資項目實際的年投資報酬率，所以採用內含報酬率評價投資項目的標準是：內含報酬率大於或等於投資者要求的收益率的項目為可行項目，投資者要求的收益率即為企業的資金成本率或企業設定的基準收益率。

在內含報酬率的計算過程中，把各年現金淨流量按各自的內含報酬率進行再投資而形成增值，而不是將各投資方案的淨現金流量按統一的資本市場上可能達到的報酬率進行再投資而形成增值。用該處理方法處理，如果資金市場上的報酬率有較大變動，且與計算所得內含報酬率有較大差異時，該方法的計算結果會有很大的不客觀性。下面以實例介紹建立內含報酬率模型的方法。

【例 8-14】某企業現有 A、B 兩個投資項目，用內含報酬率法比較兩個投資項目。

A、B投資方案比較

年份	0	1	2	3	4	5	內含報酬率
			折現率	12%			
方案A的現金流量（元）	-98 000	30 000	35 000	28 000	38 000	15 000	21.70%
方案B的現金流量（元）	-45 000	22 000	16 000	18 000	16 000	12 000	27.99%

圖 8-14　內含報酬率分析模型與結果表

具體操作步驟：

①新建一張工作表，設置表格格式並輸入已知條件。

②選擇 H4 單元格，輸入公式「＝IRR（B4：G4）」，往下拖動單元格，得到方案 B 的內含報酬率。

從內含報酬率指標看，B 項目優於 A 項目。

（3）修正內含報酬率模型

修正內涵報酬率模型需要利用到 MIRR 函數，其功能是計算某一連續期間內的現金流的修正內部收益率，即返回在考慮投資成本以及現金再投資利率下一系列分期現金流的內部收益率。

語法公式為：＝MIRR（values, finance_ rate, reinvest_ rate）

說明：

①values 是指一個數組對數字單元格區域的引用，代表固定期間內一系列支出（負值）及收入（正值）。

②finance_ rate 是指現金流中投入資金的融資利率。

③reinvest_ rate 是指將各期收入淨額再投資的報酬率。

【例 8-15】企業從銀行貸款 220,000 元用於一項投資，該項貸款的利率是 12%，該投資項目未來 5 年的投資收益分別是 60,000 元、80,000 元、110,000 元、138,000 元和 160,000元，期間又將每年獲得的收益以 14%的收益率進行再投資，計算該項目 3 年後修正的内部報酬率和 5 年後修正的內部報酬率。

具體操作步驟如下：

①新建一張工作表，設置表格格式並輸入已知條件，在 B11 單位格中輸入公式「＝MIRR(B2：B5,B9,B10)」，結果如圖 8-15 所示。

②在 B12 單元格中輸入公式「＝MIRR（B2：B7, B9, B10）」，結果如圖 8-16 所示。

年份	淨收益
0	-220 000
1	62 000
2	81 000
3	110 000
4	138 000
5	165 000
220 000貸款的利率	12%
在投資的收益率	14%
3年后修正的內報酬率	9%

圖 8-15　三年 MIRR 計算模型

年份	淨收益
0	-220 000
1	62 000
2	81 000
3	110 000
4	138 000
5	165 000
220 000貸款的利率	12%
在投資的收益率	14%
3年后修正的內報酬率	9%
5年后修正的內報酬率	26%

圖 8-16　五年 MIRR 計算模型

參考文獻

［1］吳強. Excel 在會計和財務中的應用［M］. 北京：北京理工大學出版社，2016.

［2］歐陽電平. 財務與會計數據處理——以 Excel 為工具［M］. 北京：清華大學出版社，2017.

［3］王順金. 財務會計 Excel 實務［M］. 北京：北京理工大學出版社，2015.

［4］周穎. Excel 在財務中的應用［M］. 上海：上海財經大學出版社，2017.

［5］王大海. Excel 在財務管理中的應用［M］. 上海：上海財經大學出版社，2015.

［6］代芳. Excel 在財務中的應用［M］. 武漢：武漢大學出版社，2013.

［7］崔婕，姬昂，崔杰. Excel 在會計和財務中的應用［M］. 北京：清華大學出版社，2019.

［8］Excel home. Excel2016 函數與公式應用大全［M］. 北京：北京大學出版社，2018.

［9］Excel home. Excel2016 數據透視表應用大全［M］. 北京：北京理工大學出版社，2018.

［10］Excel home. Excel2013 高效辦公——會計實務［M］. 北京：人民郵電出版社，2016.

［11］Excel home. Excel2013 高效辦公——財務管理［M］. 北京：人民郵電出版社，2016.

國家圖書館出版品預行編目（CIP）資料

Excel在會計與財務中的應用 / 于貴 編著. -- 第一版.
-- 臺北市：財經錢線文化, 2020.06
　　面；　　公分
POD版

ISBN 978-957-680-455-7(平裝)

1.會計 2.財務管理 3.EXCEL(電腦程式)

495　　　　　　　　　　　　　　　　109007741

書　　名：Excel在會計與財務中的應用
作　　者：于貴 編著
發 行 人：黃振庭
出 版 者：財經錢線文化事業有限公司
發 行 者：財經錢線文化事業有限公司
E - m a i l：sonbookservice@gmail.com
粉 絲 頁：　　　　　網　址：
地　　址：台北市中正區重慶南路一段六十一號八樓815室
8F.-815, No.61, Sec. 1, Chongqing S. Rd., Zhongzheng Dist., Taipei City 100, Taiwan (R.O.C.)
電　　話：(02)2370-3310　傳　真：(02) 2388-1990
總 經 銷：紅螞蟻圖書有限公司
地　　址：台北市內湖區舊宗路二段 121 巷 19 號
電　　話:02-2795-3656 傳真:02-2795-4100　網址：
印　　刷：京峯彩色印刷有限公司（京峰數位）

　　本書版權為西南財經大學出版社所有授權崧博出版事業股份有限公司獨家發行電子書及繁體書繁體字版。若有其他相關權利及授權需求請與本公司聯繫。

定　　價：340 元
發行日期：2020 年 06 月第一版
◎ 本書以 POD 印製發行